L'ENSEIGNEMENT

PROFESSIONNEL

DU MENUISIER

PARIS

IMPRIMERIE LITHOGRAPHIQUE L. COURTIER

13, RUE DE DUNKERQUE, 13

L'ENSEIGNEMENT

PROFESSIONNEL

DU MENUISIER

PAR

LÉON JAMIN

ANCIEN MENUISIER, ANCIEN CHEF D'ATELIER, ANCIEN COLLABORATEUR AU BUCRO
PROFESSEUR DE MENUISERIE ET DE TRAIT

« A une société nouvelle, il faut des livres nouveaux. »
M. MEISSAS, *Géographie universelle*.

TOME DEUXIÈME

PARIS

BIBLIOTHÈQUE DE L'ENSEIGNEMENT PROFESSIONNEL
21, RUE JEAN-DE-BEAUVAIS, 21

1896

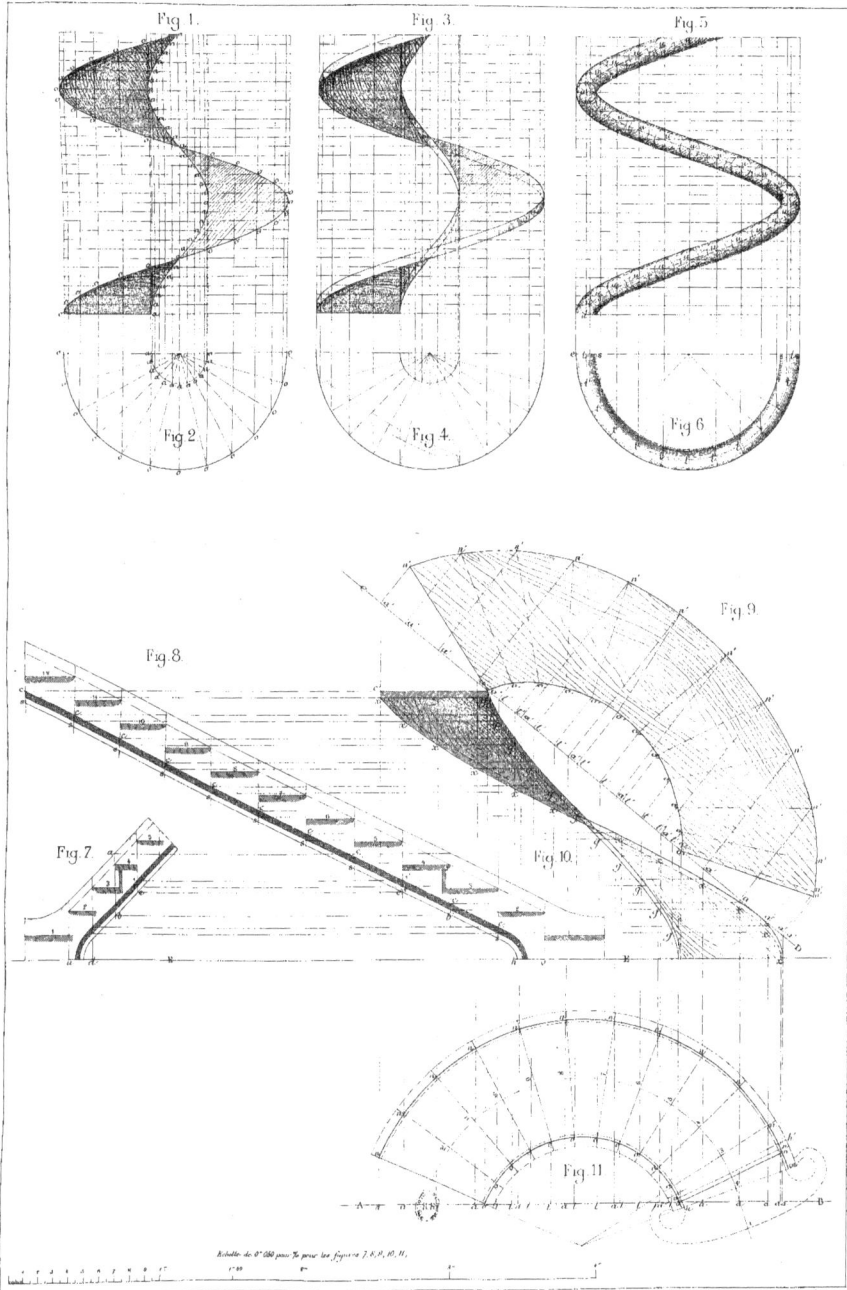

Fig 1.   Fig. 3.   Fig. 5.

Fig 2.   Fig. 4.   Fig 6.

Fig. 8.   Fig. 9.

Fig. 7.   Fig. 10.

Fig. 11.

L. Janin, del.   E. Frid. sc.

ÉTUDES & PROJECTIONS DE SURFACES GAUCHES APPLIQUÉES AUX PLAFONDS D'ESCALIERS
MANIÈRE DE TRACER LA SURFACE RÉGLÉE DE CEUX-CI.

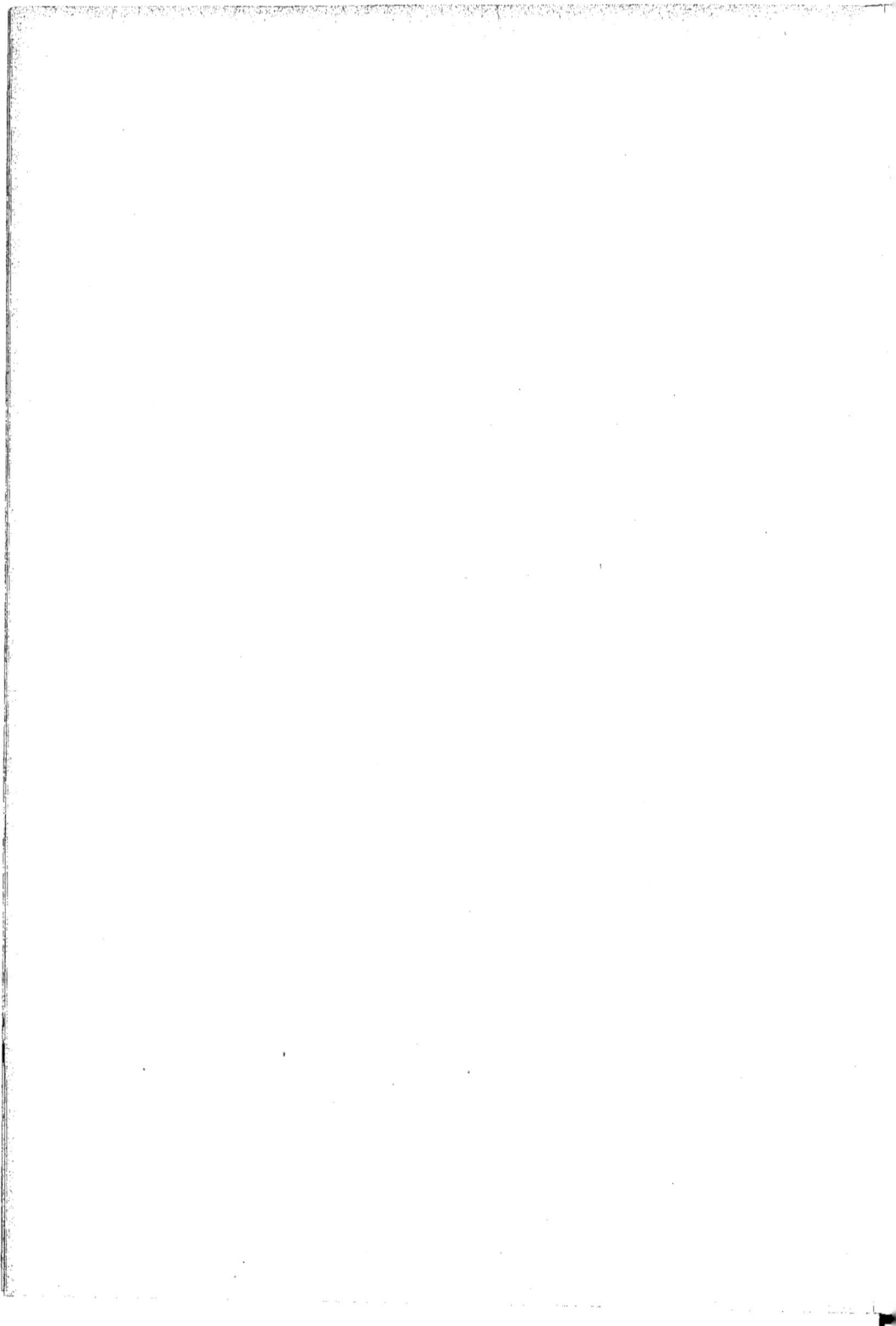

Fig.6

Fig.7

Fig.8

Fig.12

Fig.10.

Fig.9

Fig.1

Fig.11

Fig.4

Fig.5

Fig.2

Fig.3

Echelle de 0.065 pour 1

L. Courtier 43, rue du faubourg, Paris.

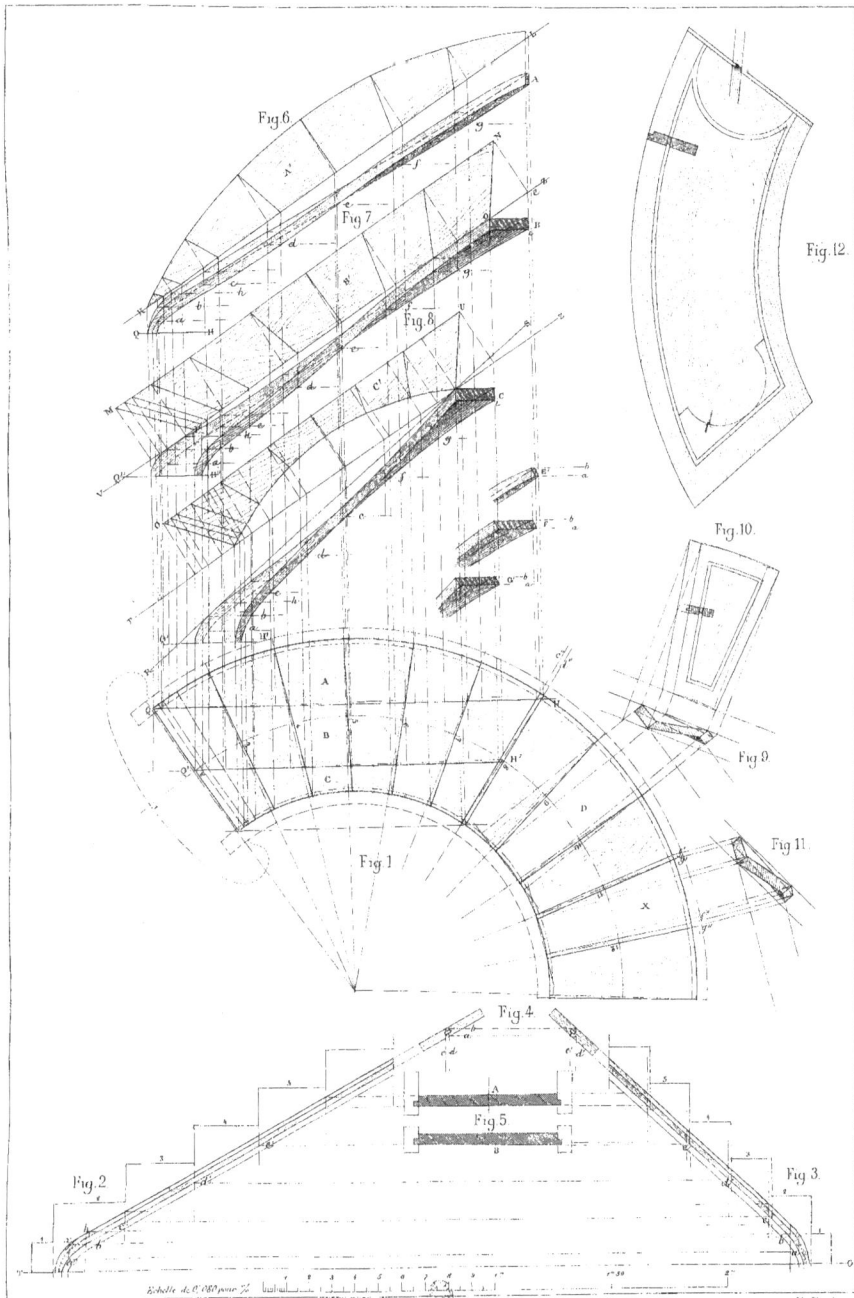

MANIÈRE DE TRACER, D'EXÉCUTER ET DE COLLER LES PLAFONDS PAR JOINTS
PARALLÈLES ET PAR CLAVEAUX

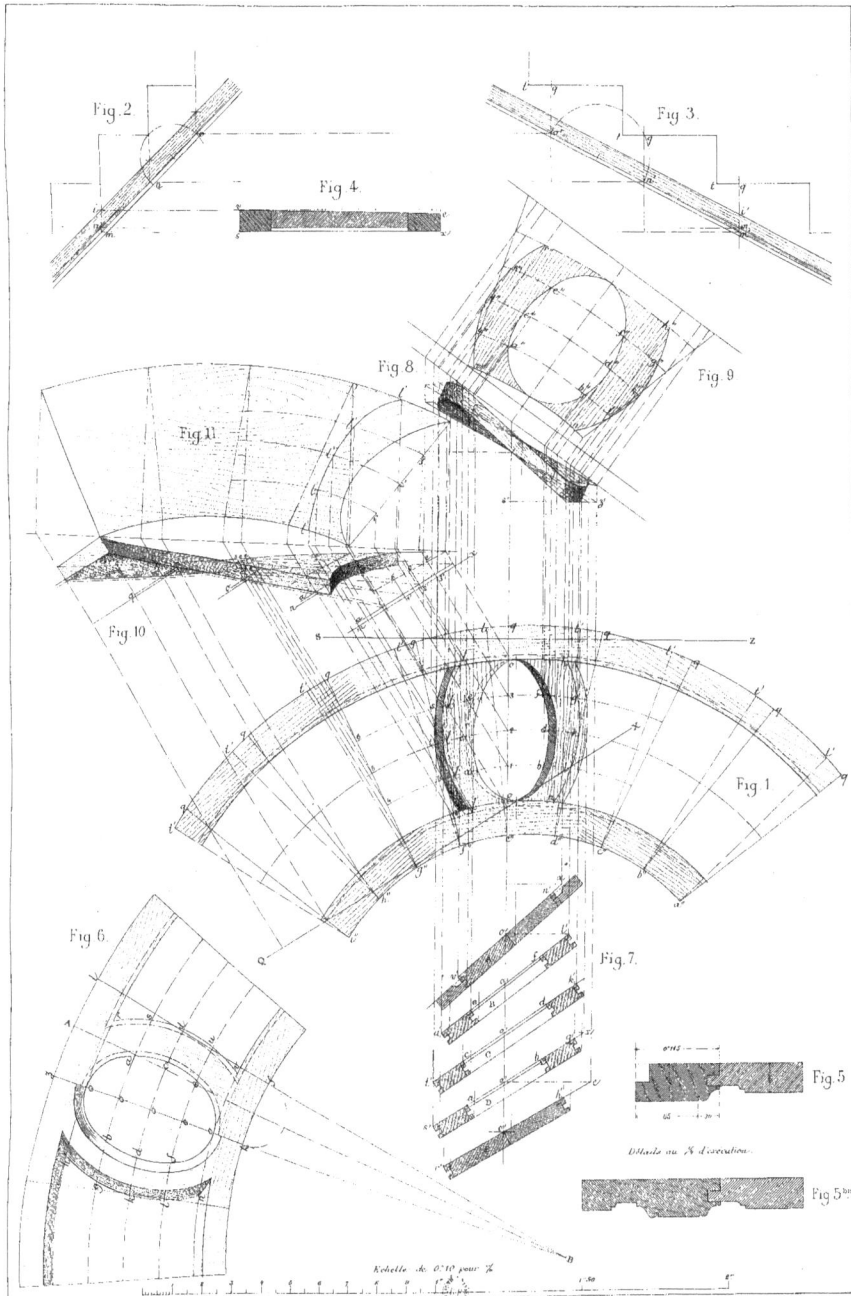

Fig.2

Fig 3.

Fig 4

Fig 8

Fig 9

Fig 11

Fig 10

Fig 1

Fig 6.

Fig.7.

Fig. 5

Détails au ⅛ d'exécution

Fig 5ᵇⁱˢ

Échelle de 0ᵐ10 pour ¾

J. Jamin del.

L. Courtier, 43, rue de Dunkerque, Paris.

E. Prud sc.

MANIÈRE DE TRACER ET D'EXÉCUTER LES RONDS ET LES OVALES
DANS LES PLAFONDS RAMPANTS

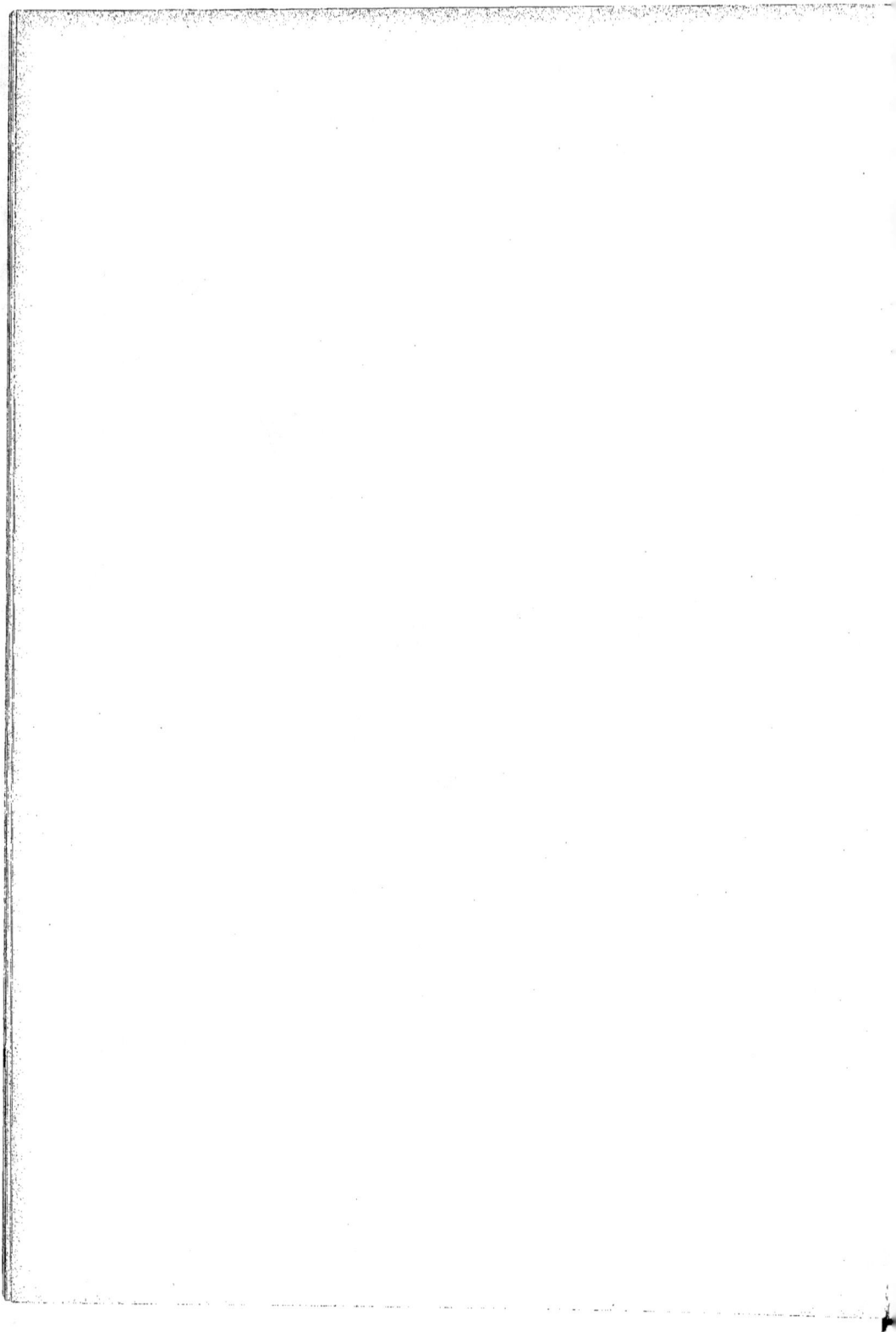

TRACÉ ET PROJECTIONS D'UN PLAFOND RAMPANT AVEC ROND AU MILIEU

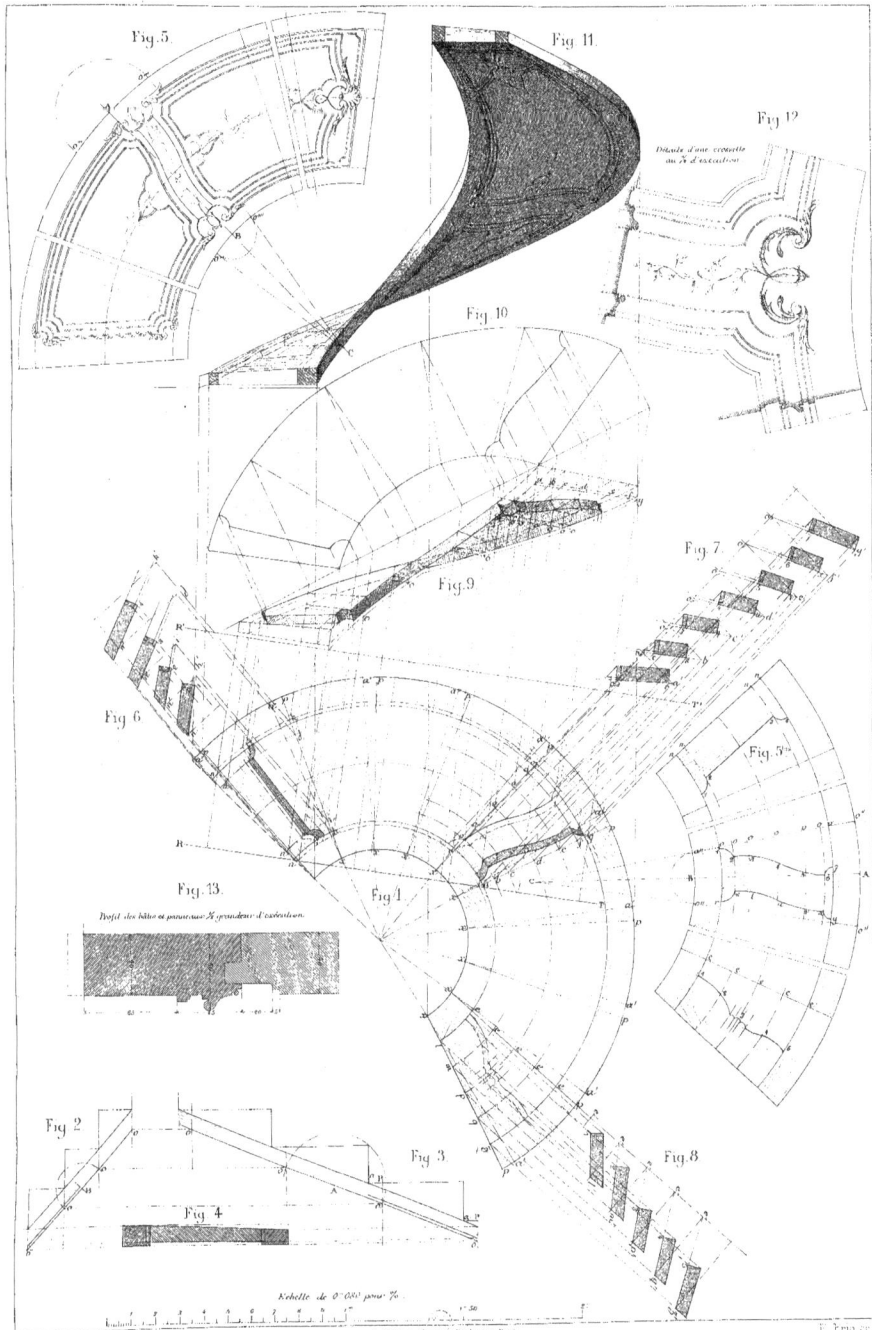

Fig. 5

Fig. 11

Fig. 12

Détails d'une coquille au ¼ d'exécution

Fig. 10

Fig. 9

Fig. 7

Fig. 6

Fig. 5ᵇⁱˢ

Fig. 13.

Profil des bâtis et panneaux ½ grandeur d'exécution.

Fig. 1

Fig. 2

Fig. 3

Fig. 4

Fig. 8

Echelle de 0.05 pour ¼

L. Janvier del.

I. Courtier, 43, rue du Cherche-Midi, Paris

E. Prin sc.

MANIÈRE DE TRACER ET D'EXÉCUTER DES TRAVERSES CINTRÉES RAMPANTES
DANS DES PLAFONDS RAMPANTS

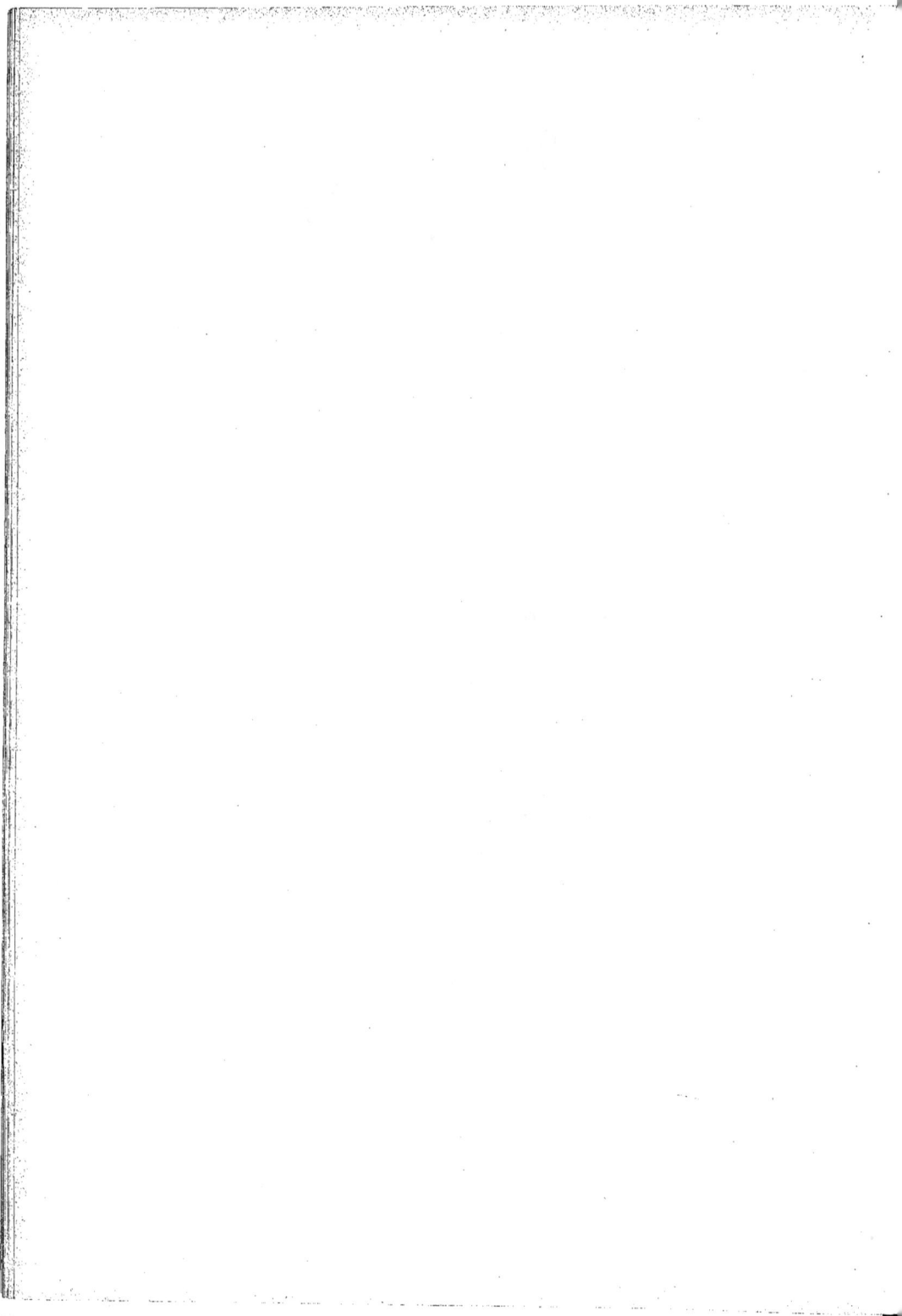

Fig. 7

Fig. 6.

Fig. 5.

Projet des lattes et panneaux au ¼ d'exécution.

Fig. 2.

Fig. 4.

Fig. 12

Fig. 11

Fig. 3.

Fig. 9.

Fig.16.

Fig. 8.

Fig.15.

Fig.10.

Fig. 1.

Fig.13.

Fig. 14

Échelle de 0^m070 pour 1^m.

C. Jamin, del.

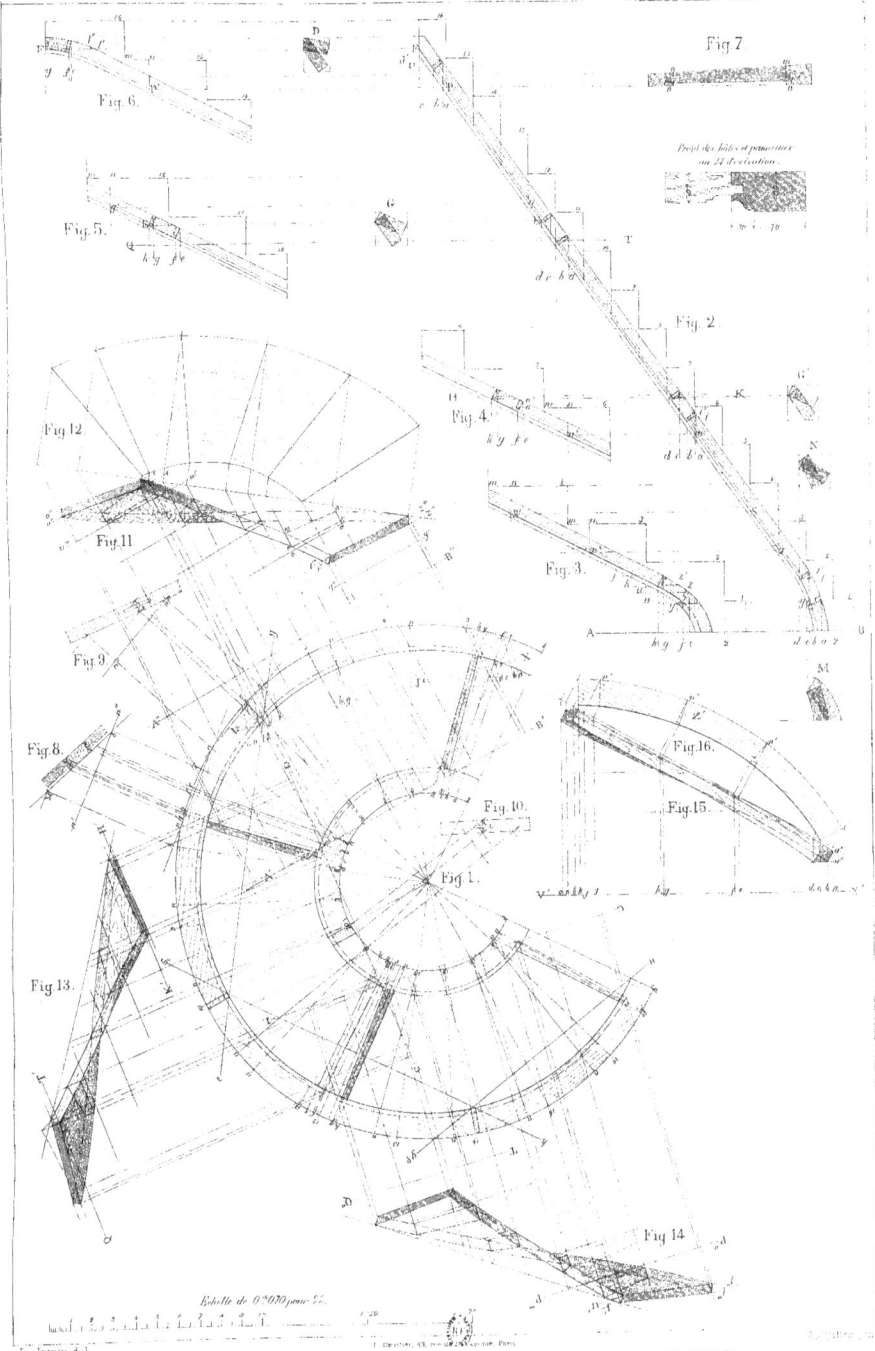

TRACÉ D'UN PLAFOND RAMPANT, A TRAVERSES DROITES, SUR UN PLAN CINTRÉ
ET DE LA MANIERE D'EN DÉTERMINER LES COMPARTIMENTS RÉGULIERS.

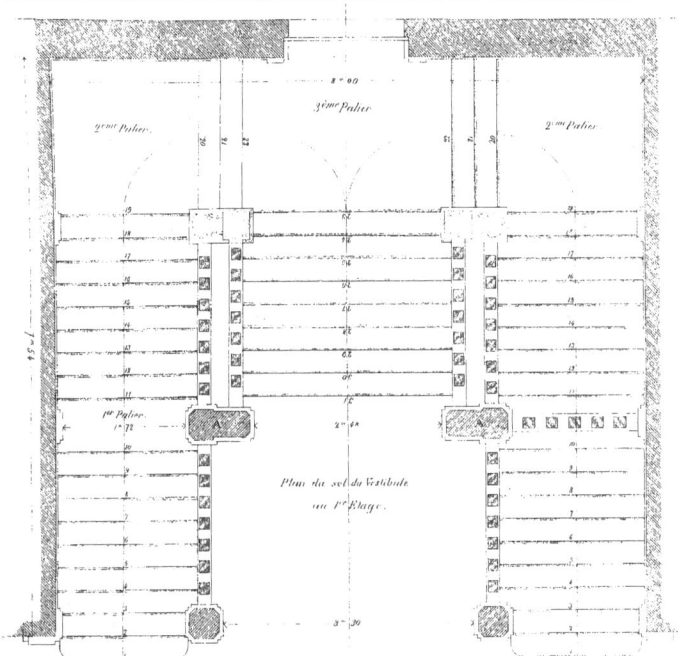

Fig 2.

2ème Palier.   3ème Palier.   2ème Palier.

1er Palier.

Plan du sol du Vestibule
au 1er Étage.

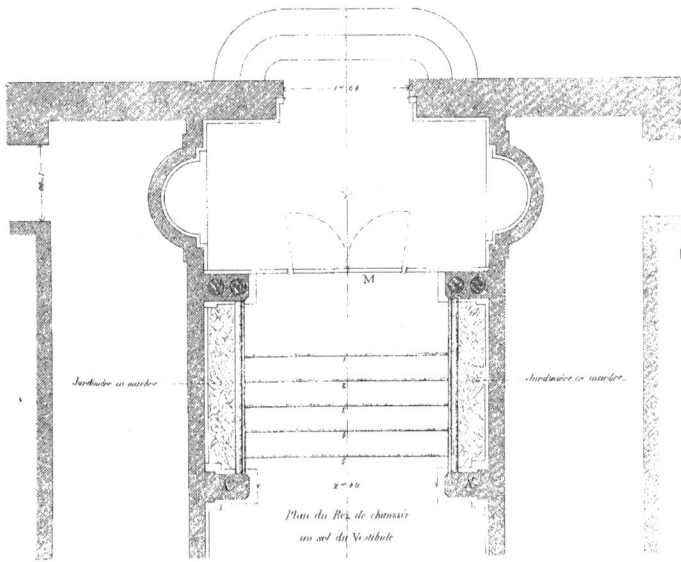

Fig 1.

M

Jardinière en marbre.   Jardinière en marbre.

Plan du Rez de chaussée
au sol du Vestibule.

Échelle de 0m,025 ⅞ pour 1m

L. Jamin, del.

PLAN DE L'ESCALIER, POUR HÔTELS OU CHÂTEAUX, DES PLANCHES 108—109, 110—111

Pl. 108-109.

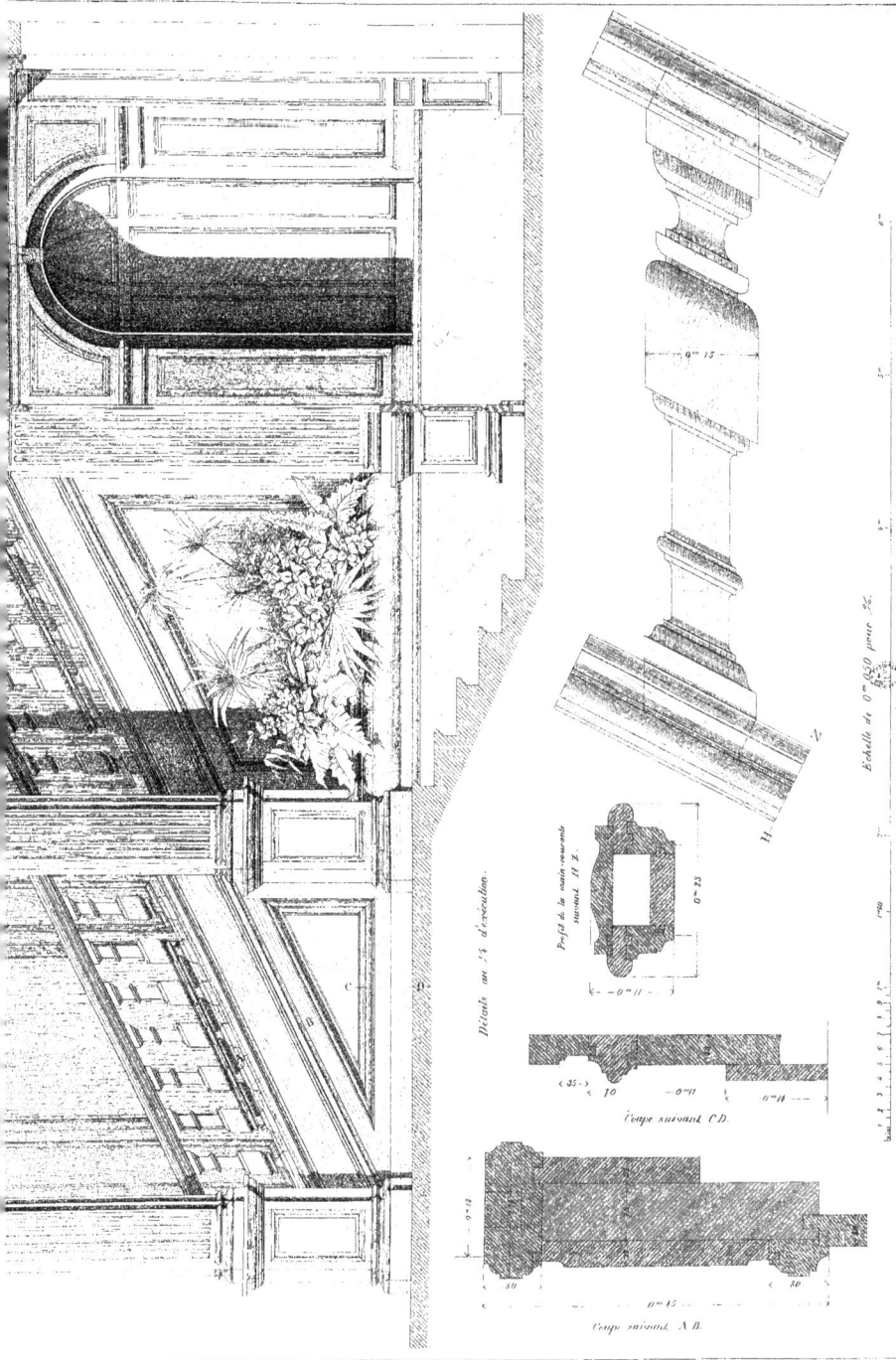

Détails au 1/4 d'exécution.

Profil de la main-courante suivant H.I.

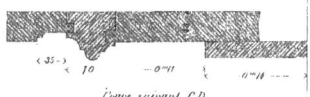

Coupe suivant C.D.

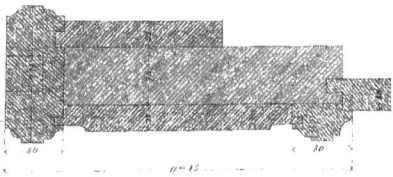

Coupe suivant A.B.

Échelle de 0^m,020 pour 1^m.

ÉLÉVATION LONGITUDINALE D'UN GRAND ESCALIER POUR HÔTELS OU CHÂTEAUX.

Plan sur E.F.

Détail
au ½ d'exécution.

Échelle d'exécution de 50 % pour ½

Plan sur G.H.

L. Jamin del.

Pl. 110-111.

Coupe suivant A B C D

Détails au ¼ d'exécution.

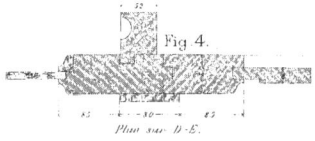

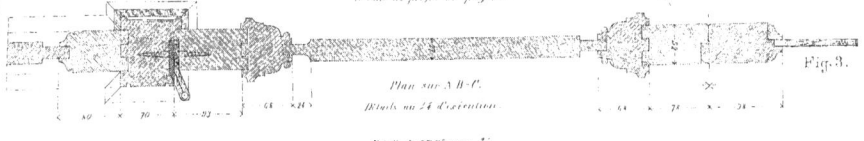

Fig. 4.

Plan sur D-E.

Fig. 1.

Fig. 2.

Détails des profils du plafond.

Fig. 3.

Plan sur A-B-C.

Détails en 24 d'exécution.

Échelle de 0ᵐ 05 pour 36.

L. Damis del.

A. Stuilgo. sc.

ÉLÉVATION DE LA CLOISON VITRÉE M, DE L'ESCALIER. PLANCHE 107.
CÔTÉ DES NICHES, FIG. 1.

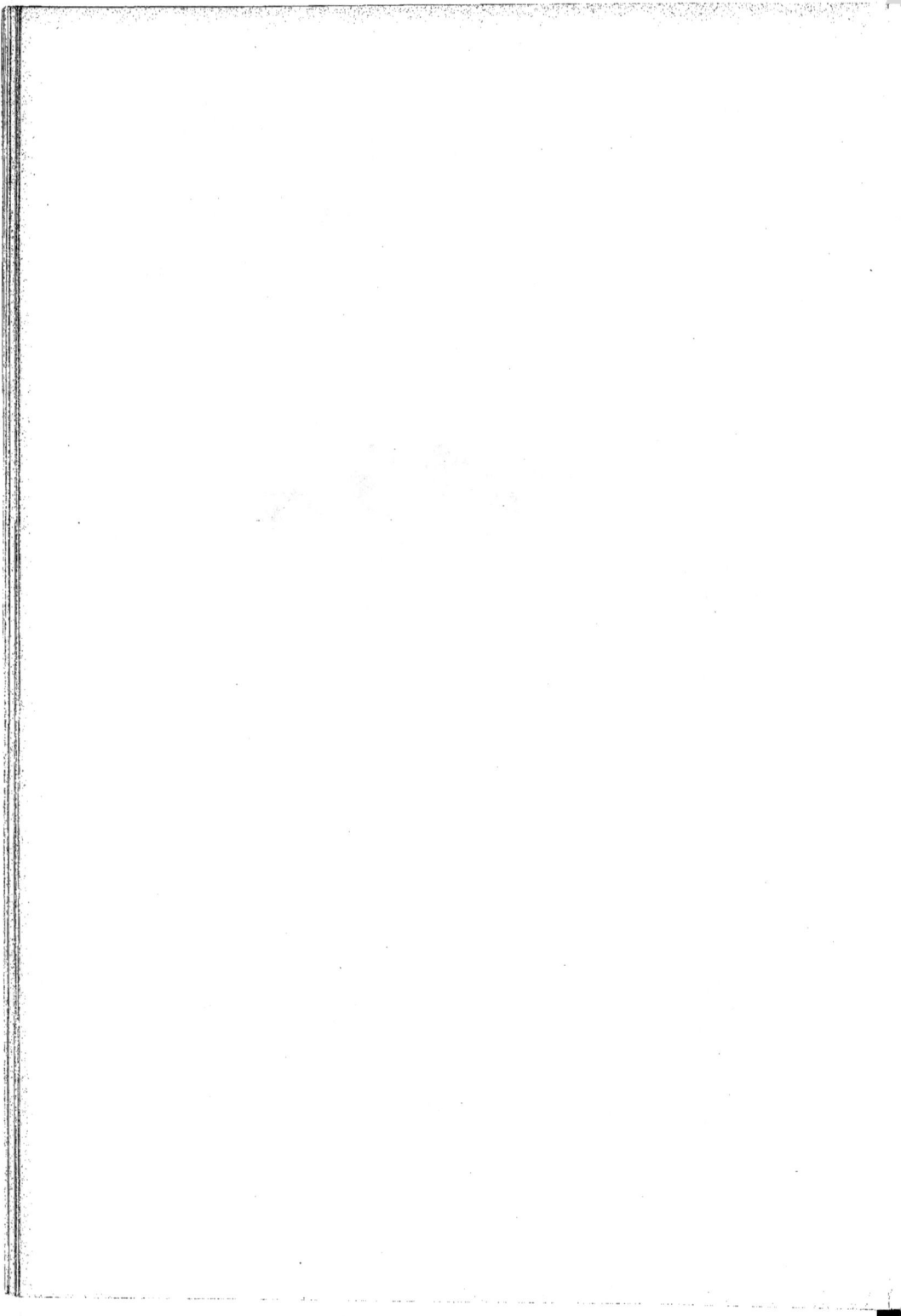

Fig. 3.

Fig. 1.

Fig. 2.

Plan sur A.B.

Plan sur C-D.

Échelle de 0^m05 pour %

L.Jarin.del

A.Cluttis.sc.

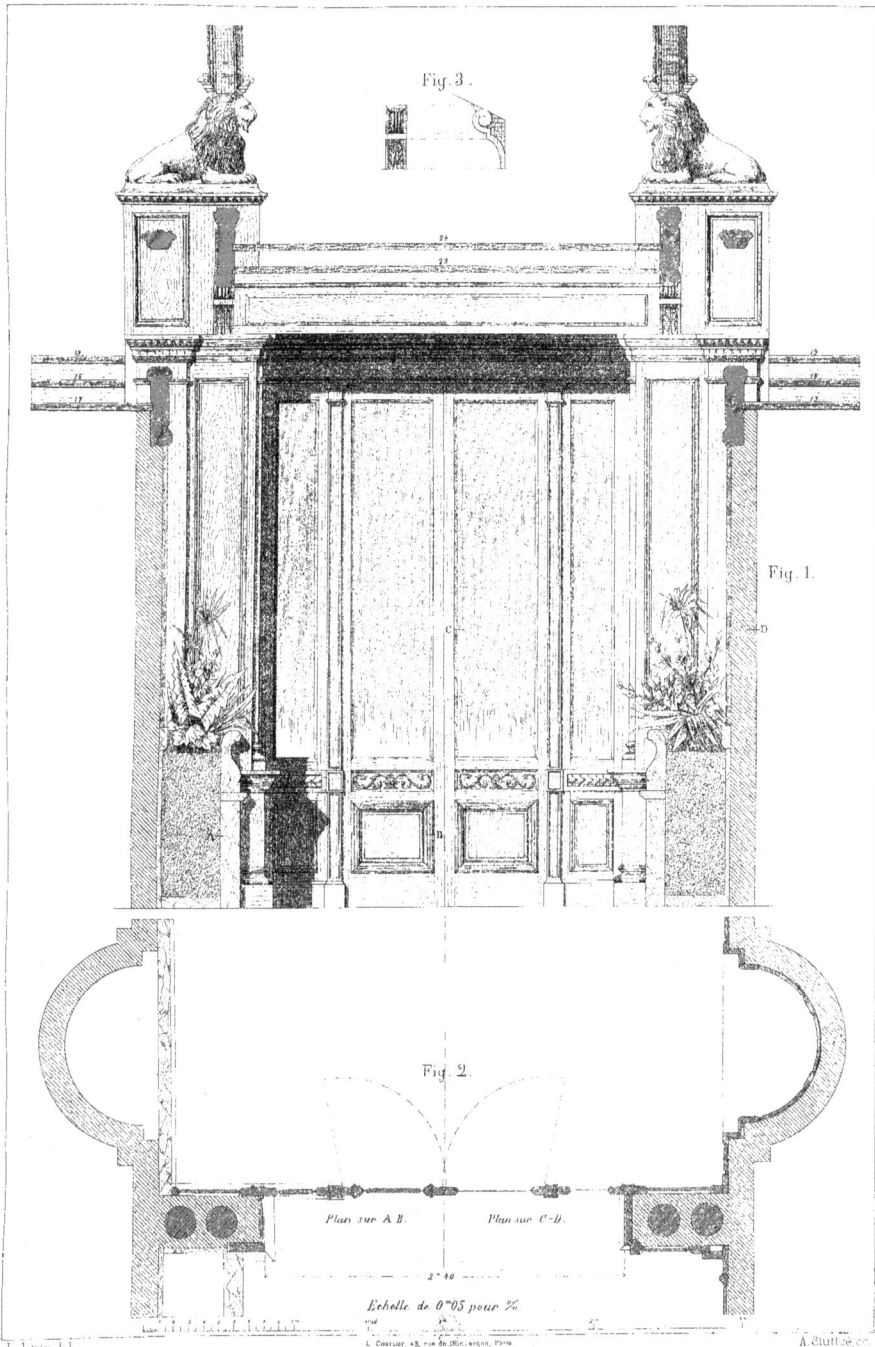

ÉLÉVATION DE LA CLOISON VITRÉE M, DE L'ESCALIER, PLANCHE 107.
CÔTÉ DES JARDINIÈRES, FIG.1.

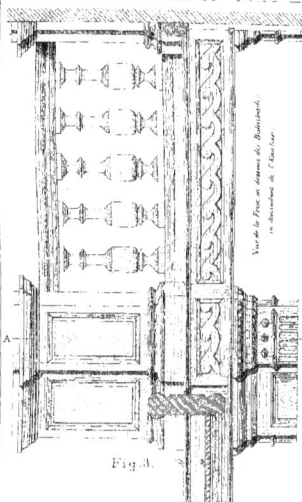

Fig. 3.

Fig. 1.

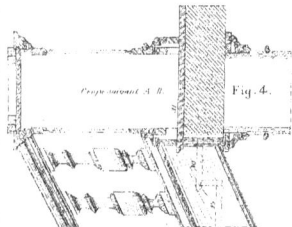

Fig. 4.

Coupe suivant A B.

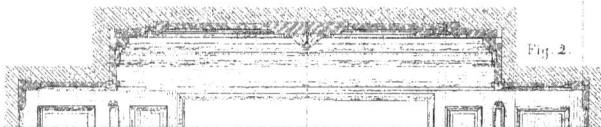

Fig. 2.

Fig. 5.

Fig. 6.

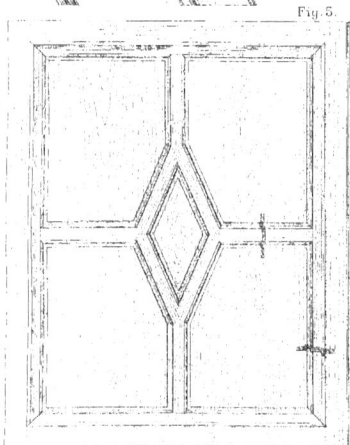

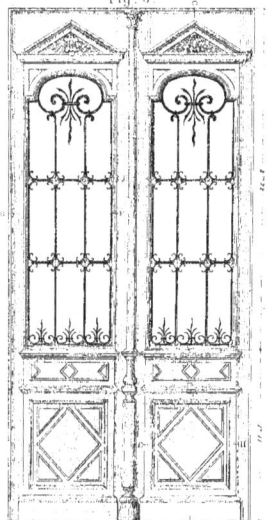

Fig. 7.

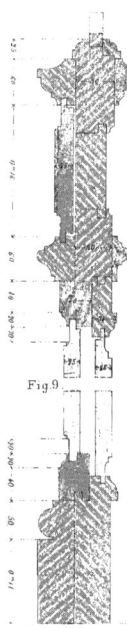

Fig. 9.

Coupe sur F G.

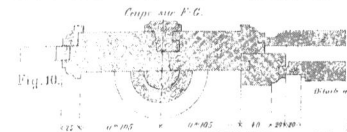

Fig. 10.

Fig. 8.

Échelle de 0ᵐ 050 pour 1ᵐ.

L. Jamin, del.

L. Courtier, 43, rue de Dunkerque, Paris.

A. Stuttge, sc.

PLAFONDS, DÉTAILS BALUSTRADE ET VUE EXTÉRIEURE DE LA PORTE D'ENTRÉE
SE RATTACHANT À L'ESCALIER, PLANCHES 108-109-110-111.

Pl. 15

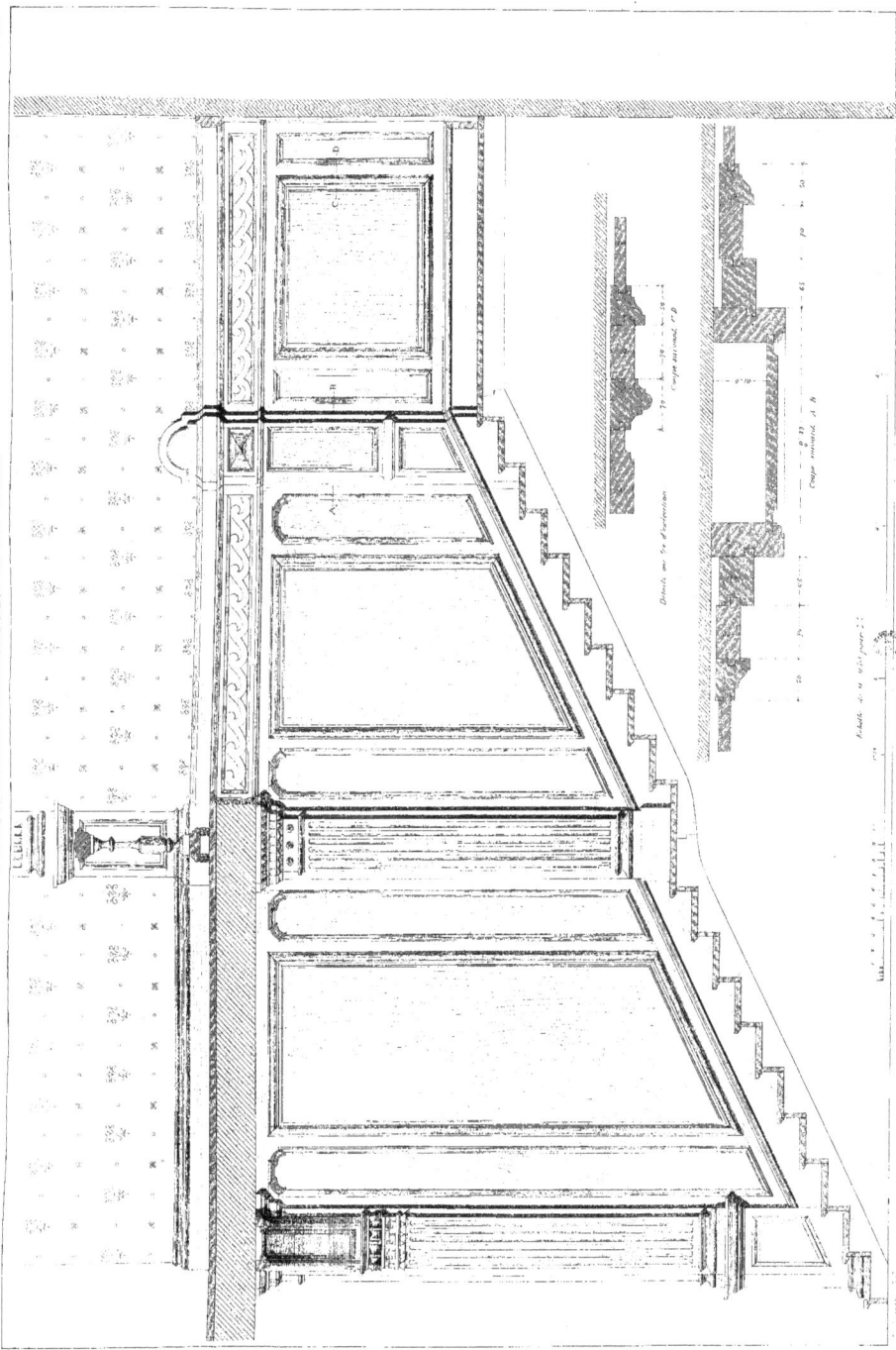

Détails sur l'épaisseur

Coupe suivant C-D

Coupe suivant A-B

Échelle de 0,04 pour 1.

L. Bance, Éd., rue de l'École-de-Médecine, Paris

LAMBRIS RAMPANTS DE L'ESCALIER, PLANCHE No 1—15.

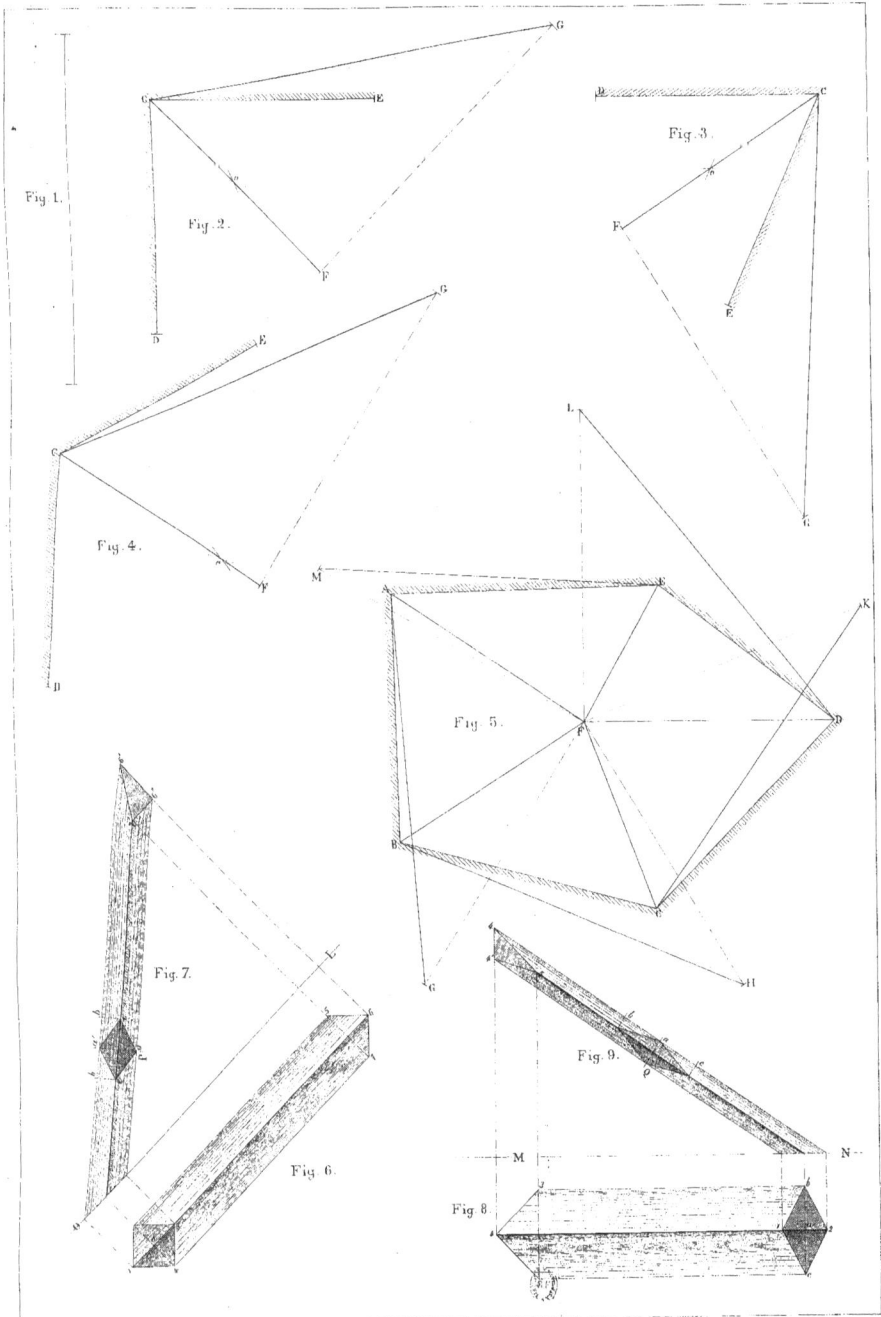

Fig. 1.

Fig. 2.

Fig. 3.

Fig. 4.

Fig. 5.

Fig. 6.

Fig. 7.

Fig. 8.

Fig. 9.

L. Jomin, del. — L. Courtier, 43, rue de Dunkerque, Paris — A. Stuttgi, sc.

PROJECTION DE LA LIGNE DROITE APPLIQUÉE AUX ARÉTIERS.

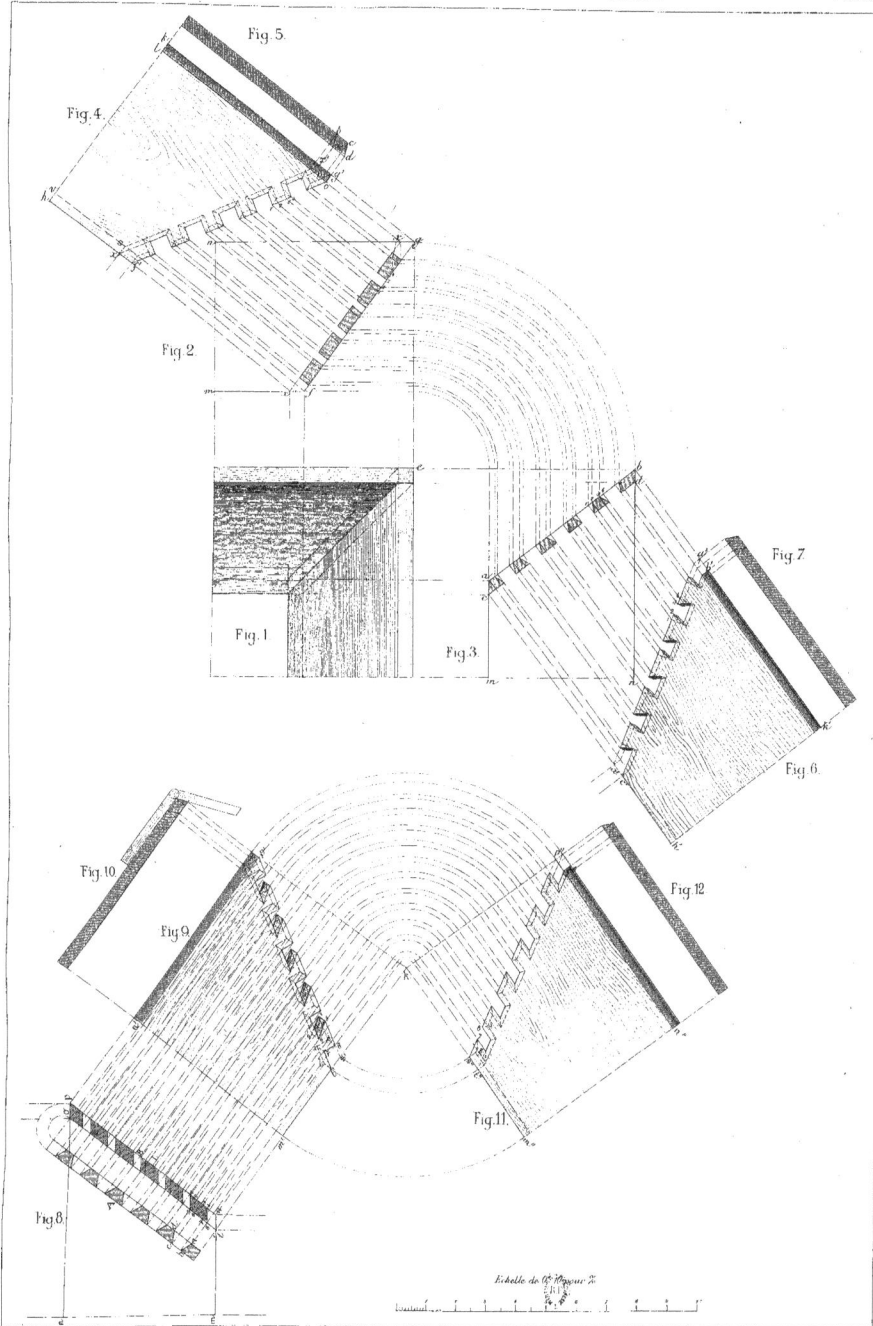

Fig.5.   Fig.4.   Fig.2   Fig.1   Fig.3   Fig.7   Fig.6.   Fig.10   Fig.9   Fig.12   Fig.11   Fig.8

Échelle de G.ur Naturelle

L. Jannin del   L. Courtier, 48, rue de Dunkerque, Paris.   E Ferd sc.

ASSEMBLAGES A QUEUES D'ARONDES POUR AUGES, PÉTRINS OU TRÉMIES

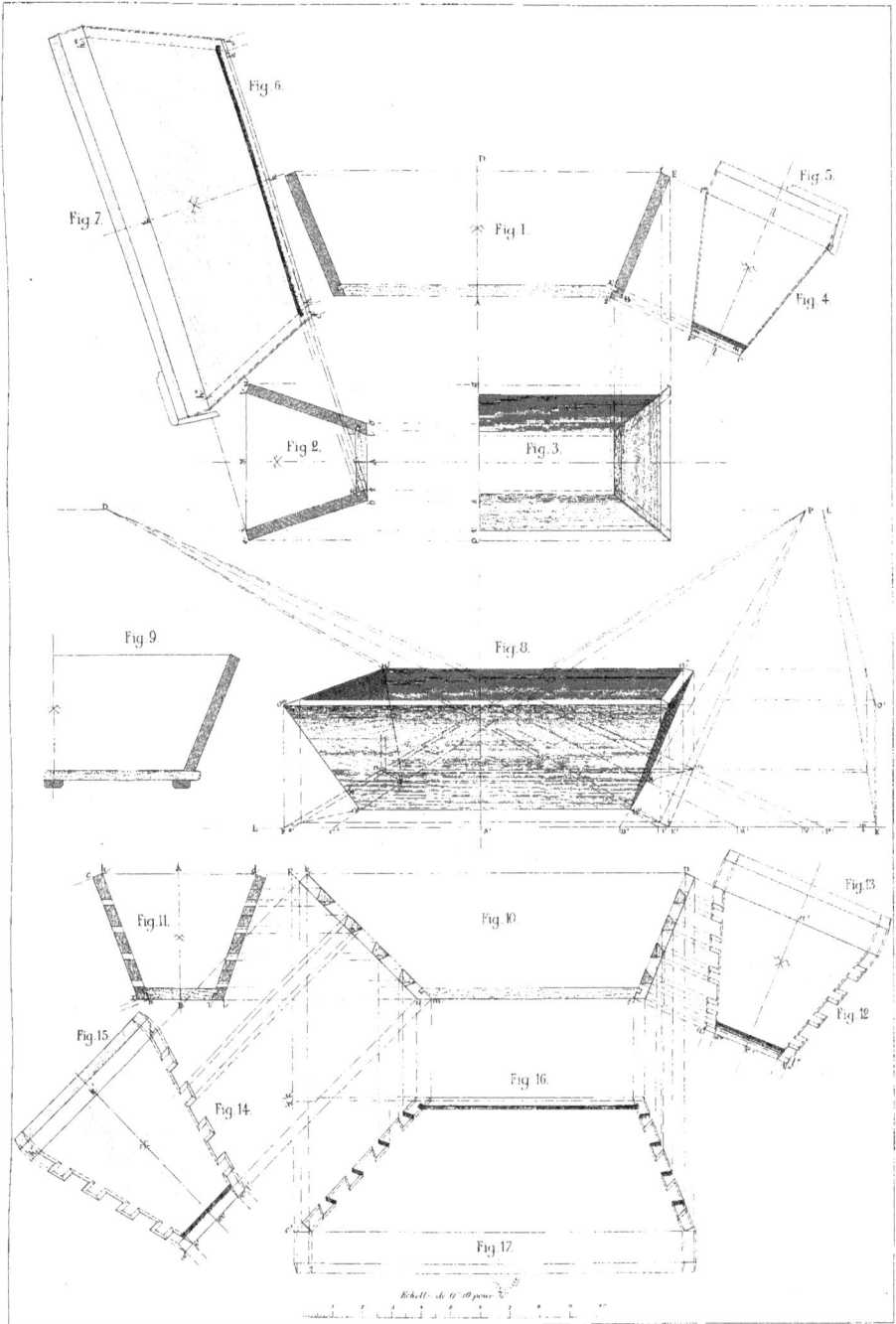

Fig. 6.

Fig. 7.

Fig. 1.

Fig. 5.

Fig. 4.

Fig. 2.

Fig. 3.

Fig. 9.

Fig. 8.

Fig. 11.

Fig. 10.

Fig. 13.

Fig. 15.

Fig. 12.

Fig. 14.

Fig. 16.

Fig. 17.

Échelle de 0.10 pour

L. Jamin del   T. Crastre, 43, rue de Dunkerque, Paris   E. Prud sc

AUGES A PENTES RÉGULIÈRES ET IRRÉGULIÈRES.

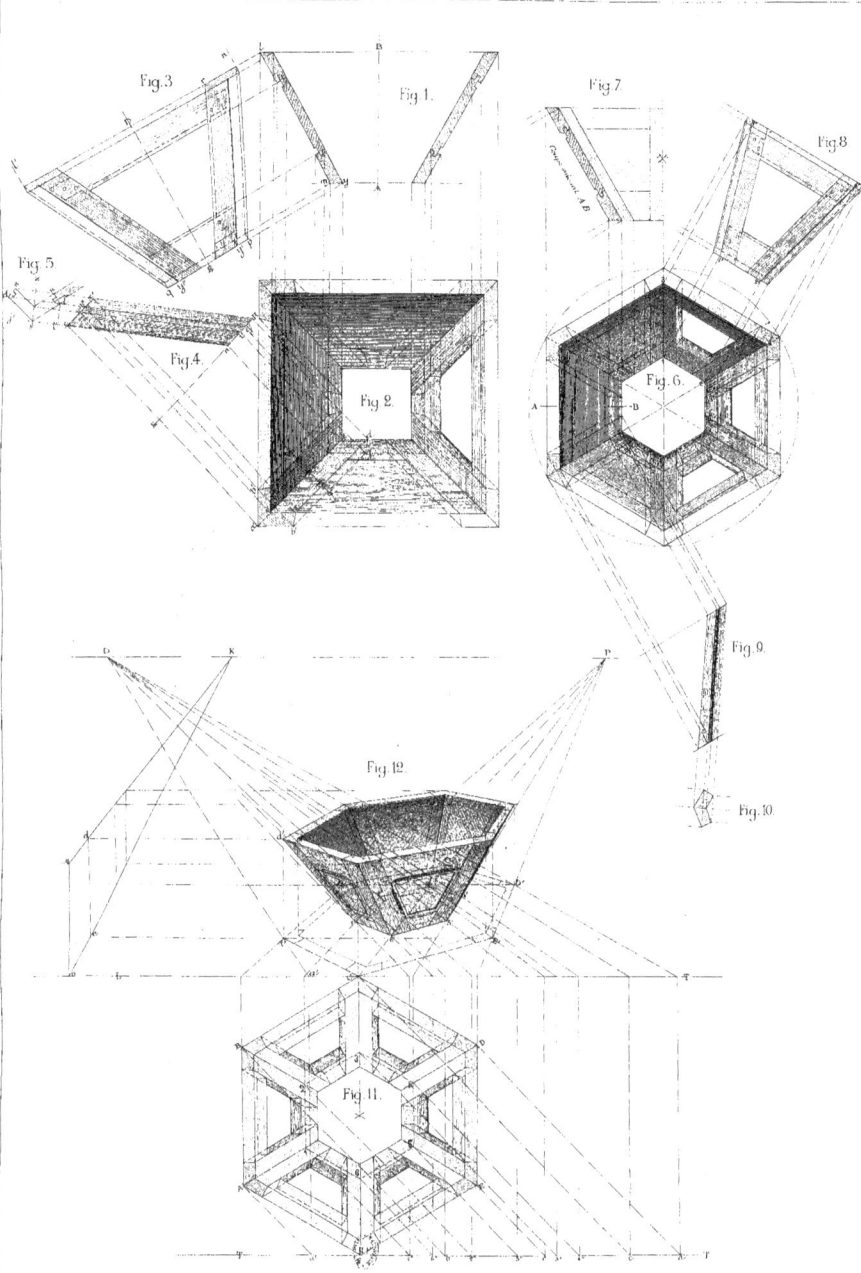

Fig.3   Fig.1   Fig.7   Fig.8

Fig.5

Fig.4   Fig.2   Fig.6

Fig.9

Fig.12   Fig.10

Fig.11

Échelle de 0ᵐ10 pour %

L. Jamin, del.   J. Gautier, 42, rue de Dunkerque, Paris.   E. Frid. sc.

TRÉMIES SUR PLAN CARRÉ ET HEXAGONAL

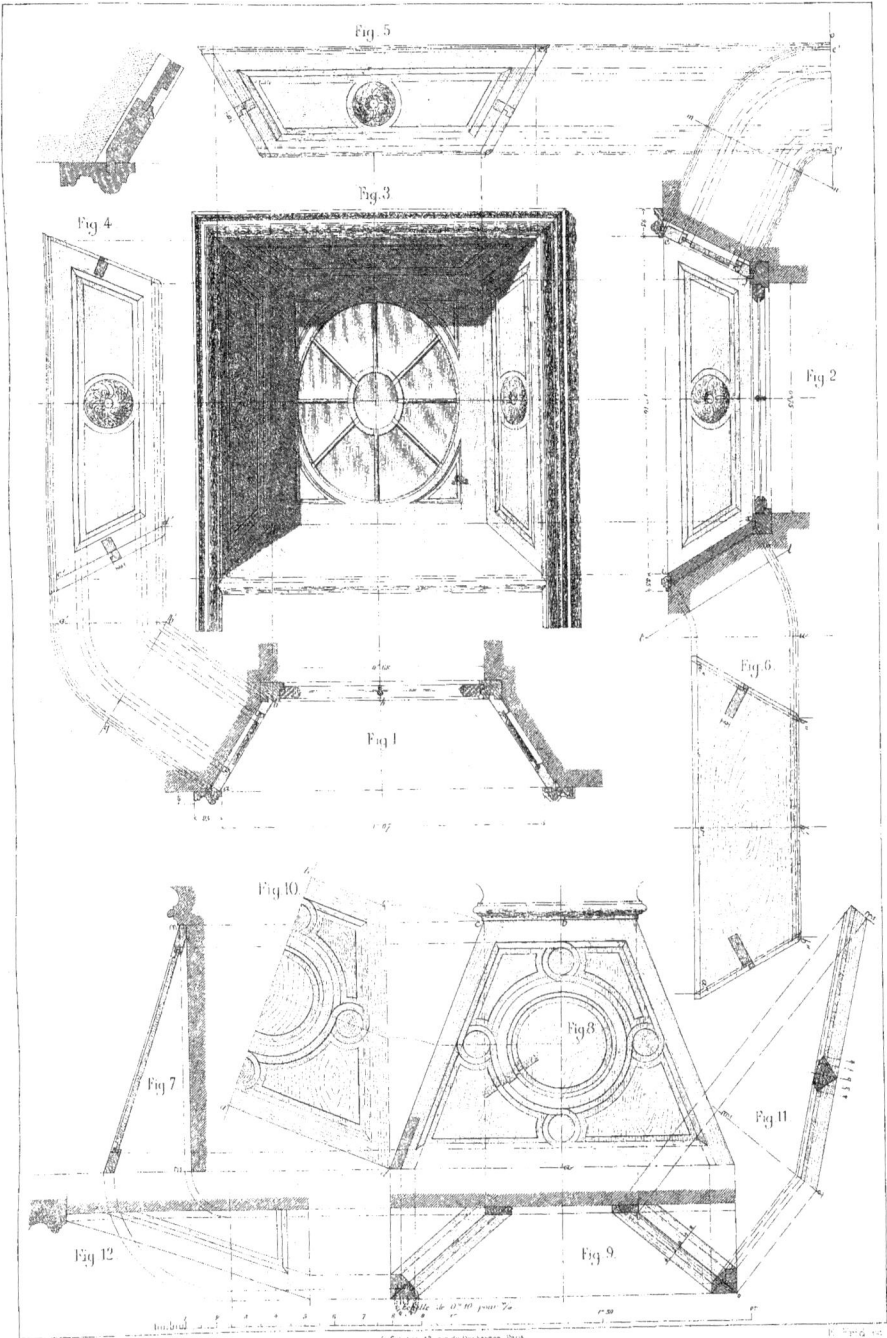

Fig. 5

Fig. 3

Fig. 4

Fig. 2

Fig. 1

Fig. 6

Fig. 10

Fig. 7

Fig. 8

Fig. 11

Fig. 12

Fig. 9

PETITE BAIE EN FORME DE TREMIE. — HOTTE DE CHEMINÉE

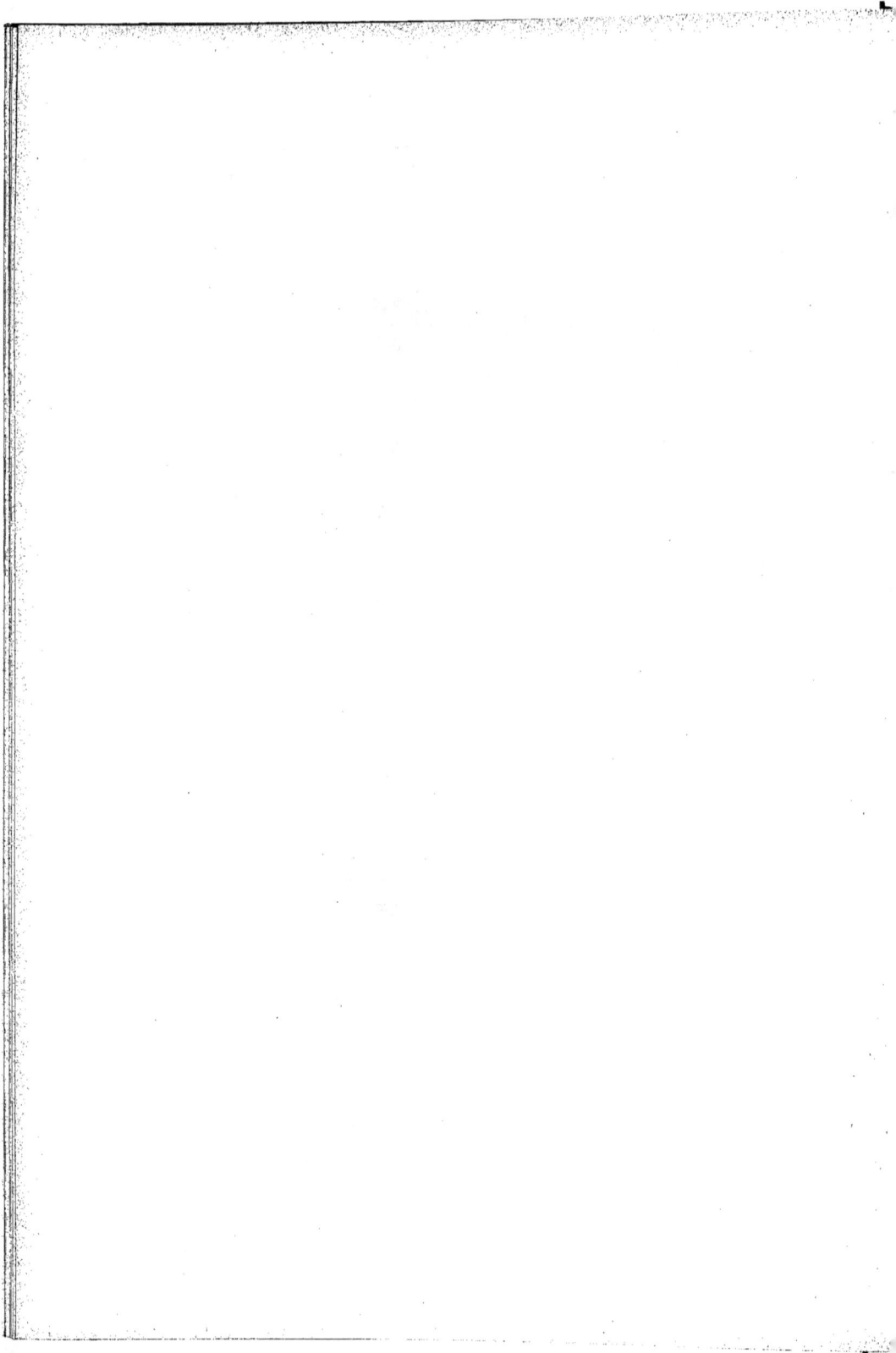

Fig 6.

Fig 7.

Fig 8.

Fig 3.

Fig 2.

Fig 1.

Fig 4.

Fig 5.

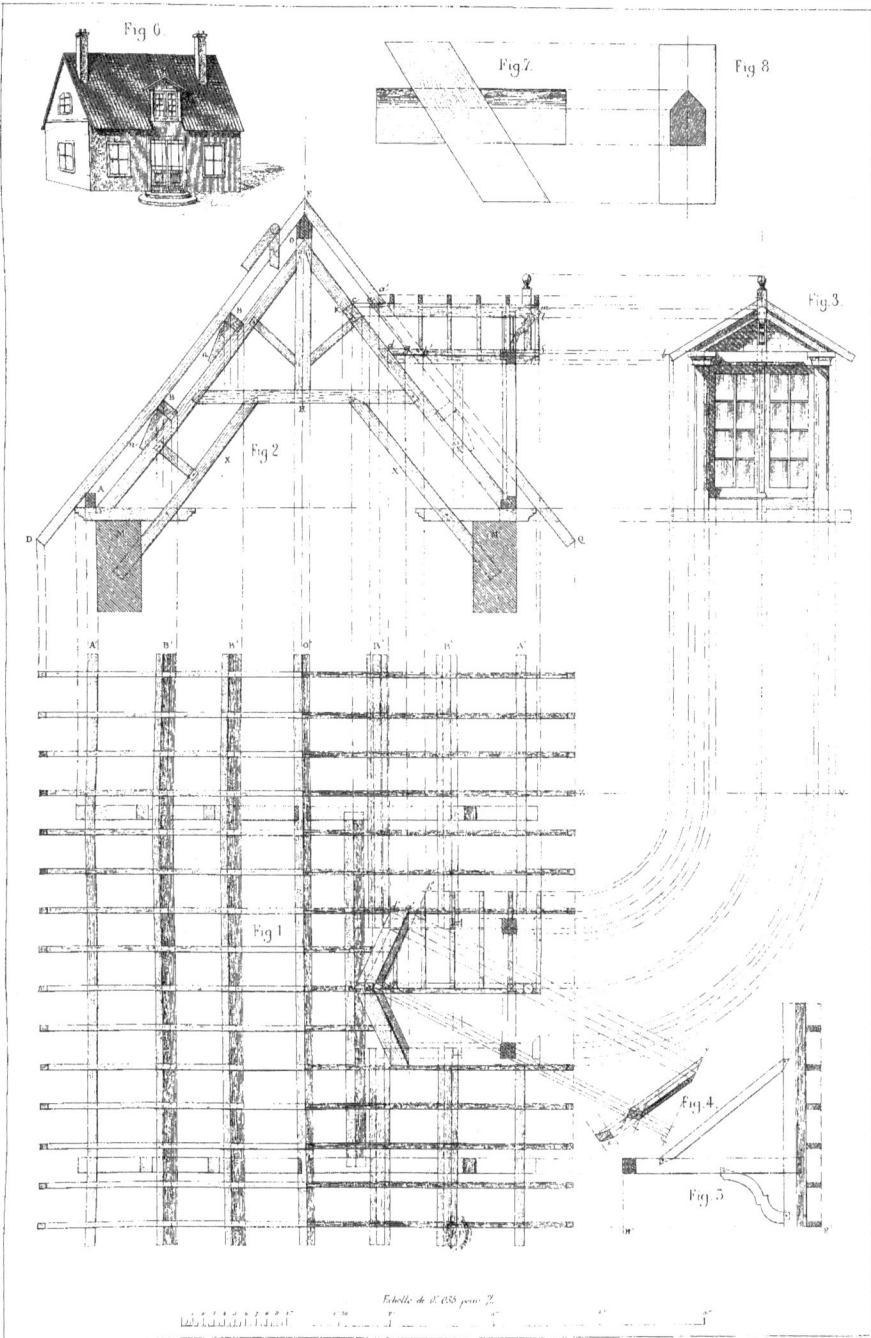

Échelle de 0.055 pour 1.

COMBLE A DEUX PENTES RÉGULIÈRES AVEC LUCARNE

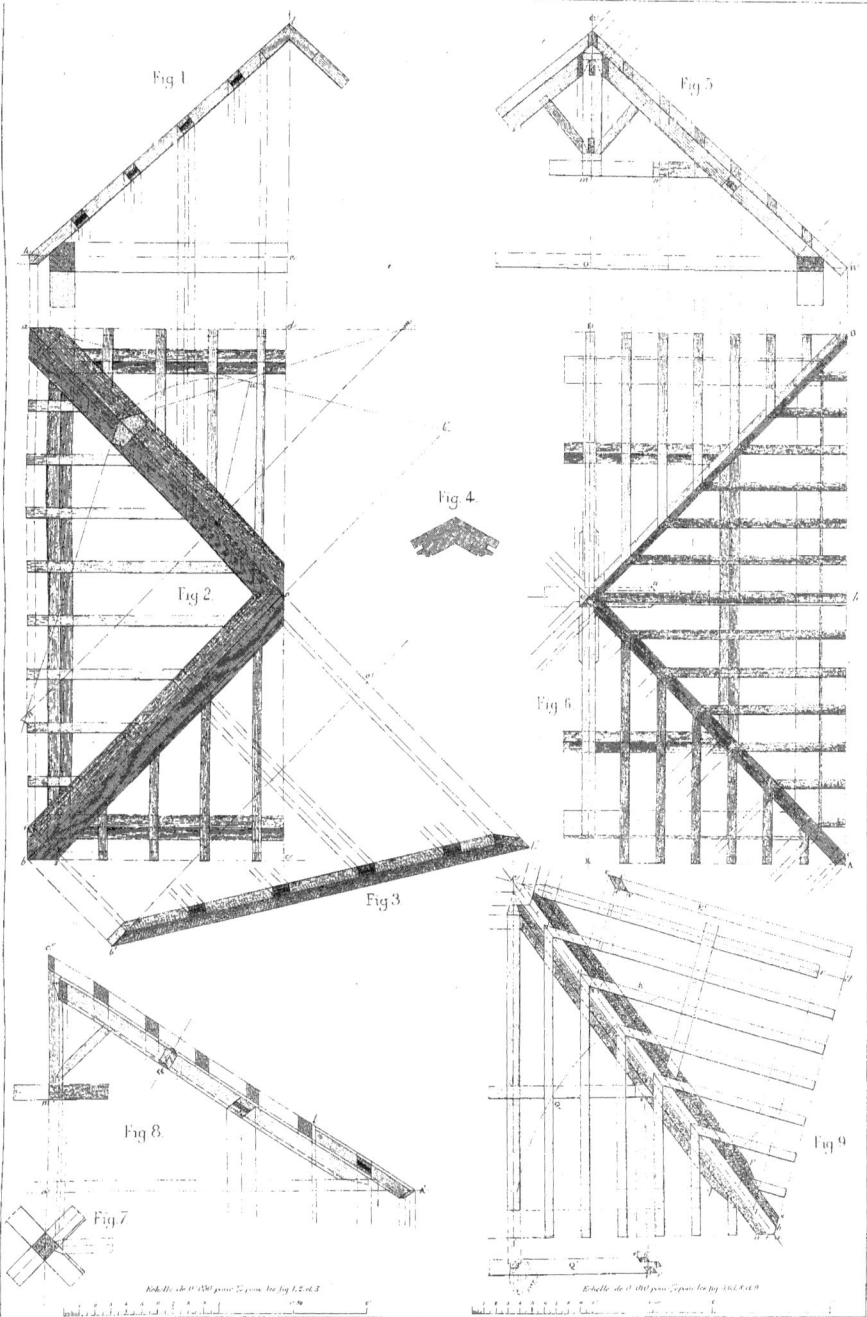

Fig. 1

Fig. 5

Fig. 4.

Fig. 2

Fig. 6

Fig. 3

Fig. 8

Fig. 9

Fig. 7

L. Jacob, del.

L. Goutier, 42, rue de Dunkerque, Paris.

ARÊTIERS SUR PLANS CARRÉS

Fig 1

Fig 2

Fig 4

Fig.5

Fig.6

Fig 3

Fig 7

Fig 8

Echelle de 0,005 pour 1.

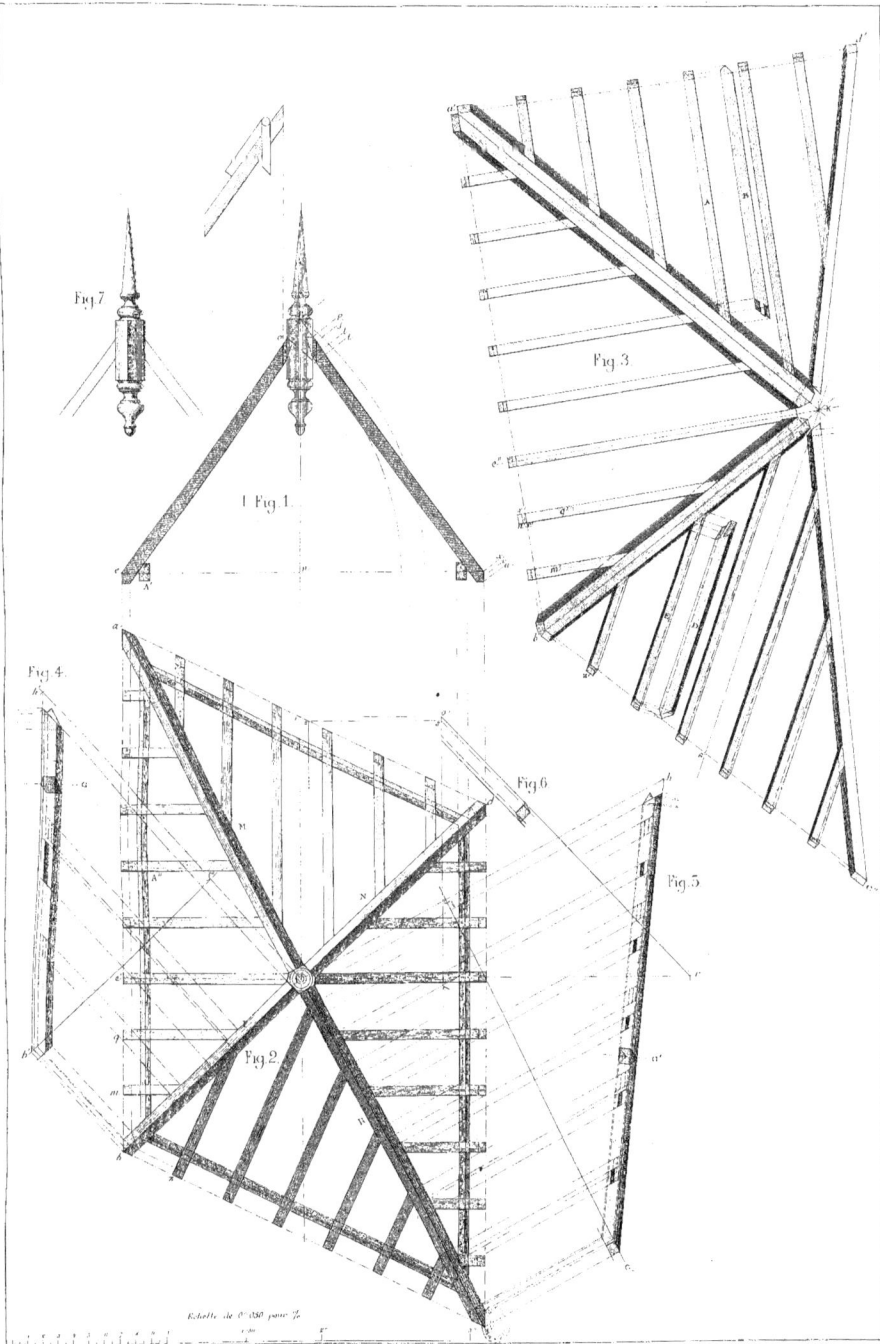

Fig. 7

Fig. 1

Fig. 3

Fig. 4

Fig. 6

Fig. 5

Fig. 2

ARÊTIER SUR PLAN RHOMBOÏDAL

Pl 126

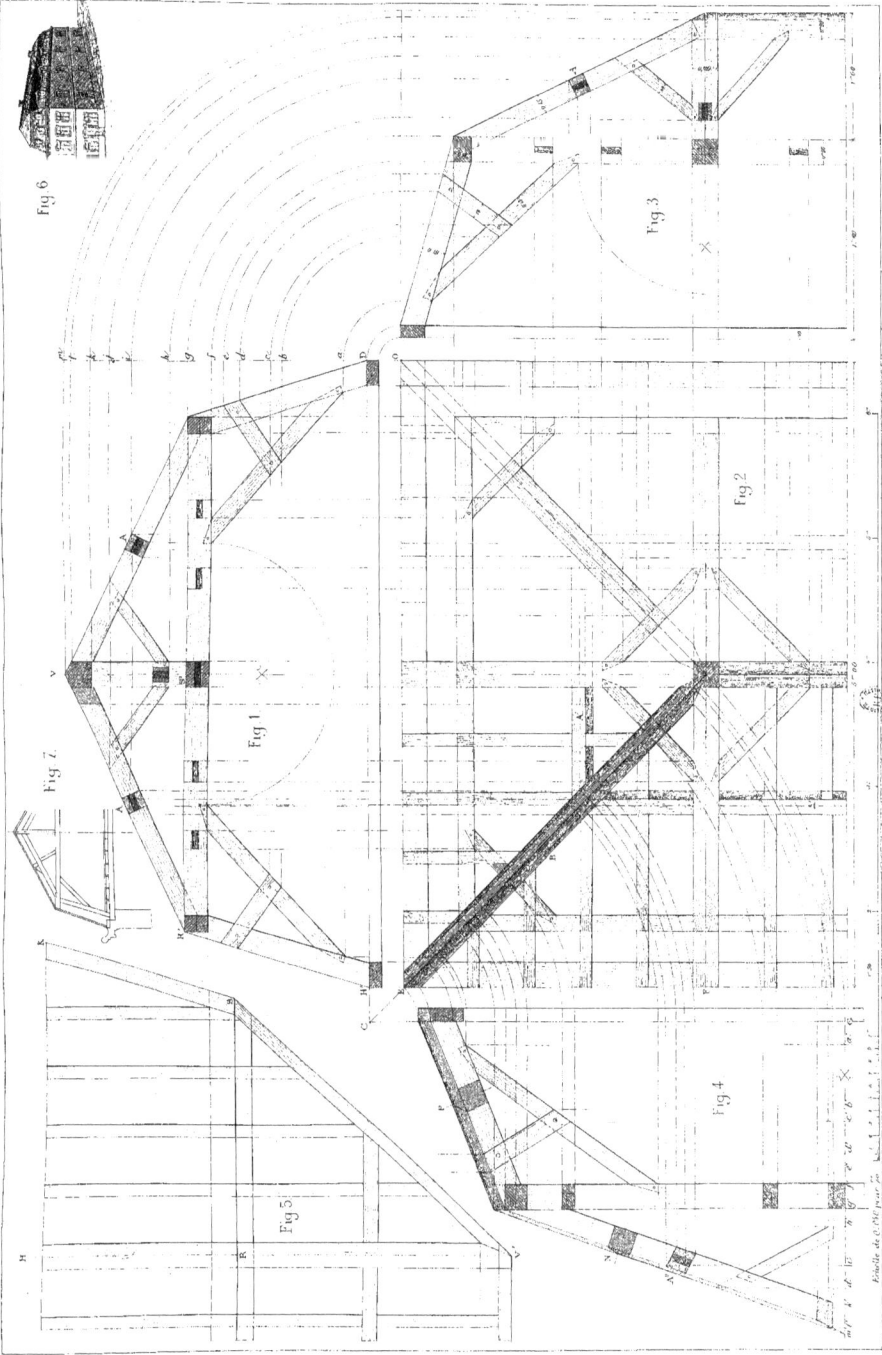

Fig 6

Fig 7

Fig 1

Fig 2

Fig 3

Fig 4

Fig 5

COMBLE BRISÉ

Échelle de 0,0M1 pour m.

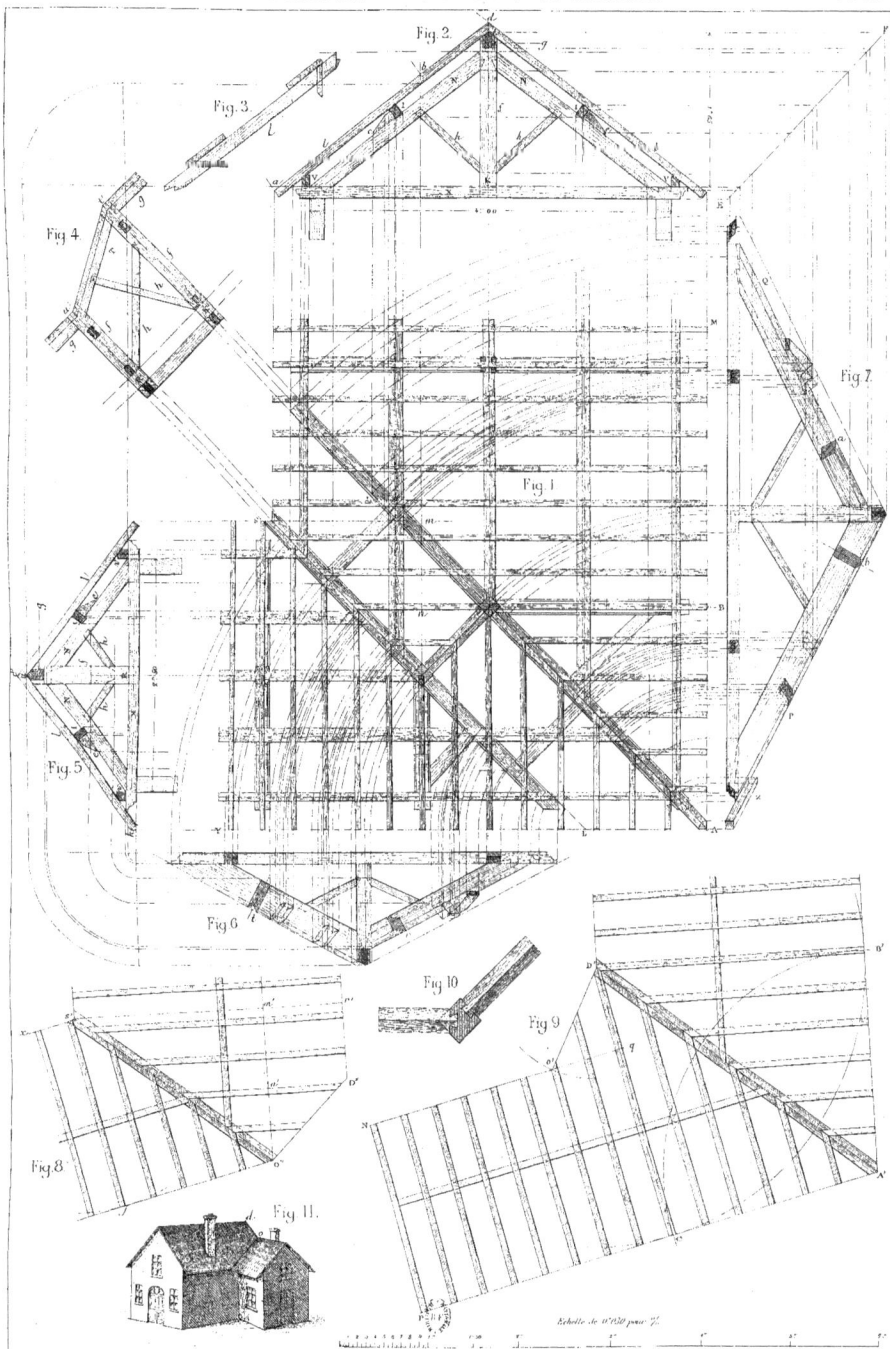

Fig. 1
Fig. 2
Fig. 3
Fig. 4
Fig. 5
Fig. 6
Fig. 7
Fig. 8
Fig. 9
Fig. 10
Fig. 11

Echelle de 0^m011 pour 1^m

COMBLE POUR UN BATIMENT EN RETOUR D'ÉQUERRE, MAIS DE LARGEUR DIFFÉRENTE
ET DONT LES FAITAGES NE SONT PAS AU MÊME NIVEAU

Fig. 7.

Fig. 3.

Fig. 1.

Fig. 2.

Fig. 4.

Fig. 6.

Fig. 5.

Echelle de 1me 0^m pour 1^m

L. Janner, del.

E. Prod.sc.

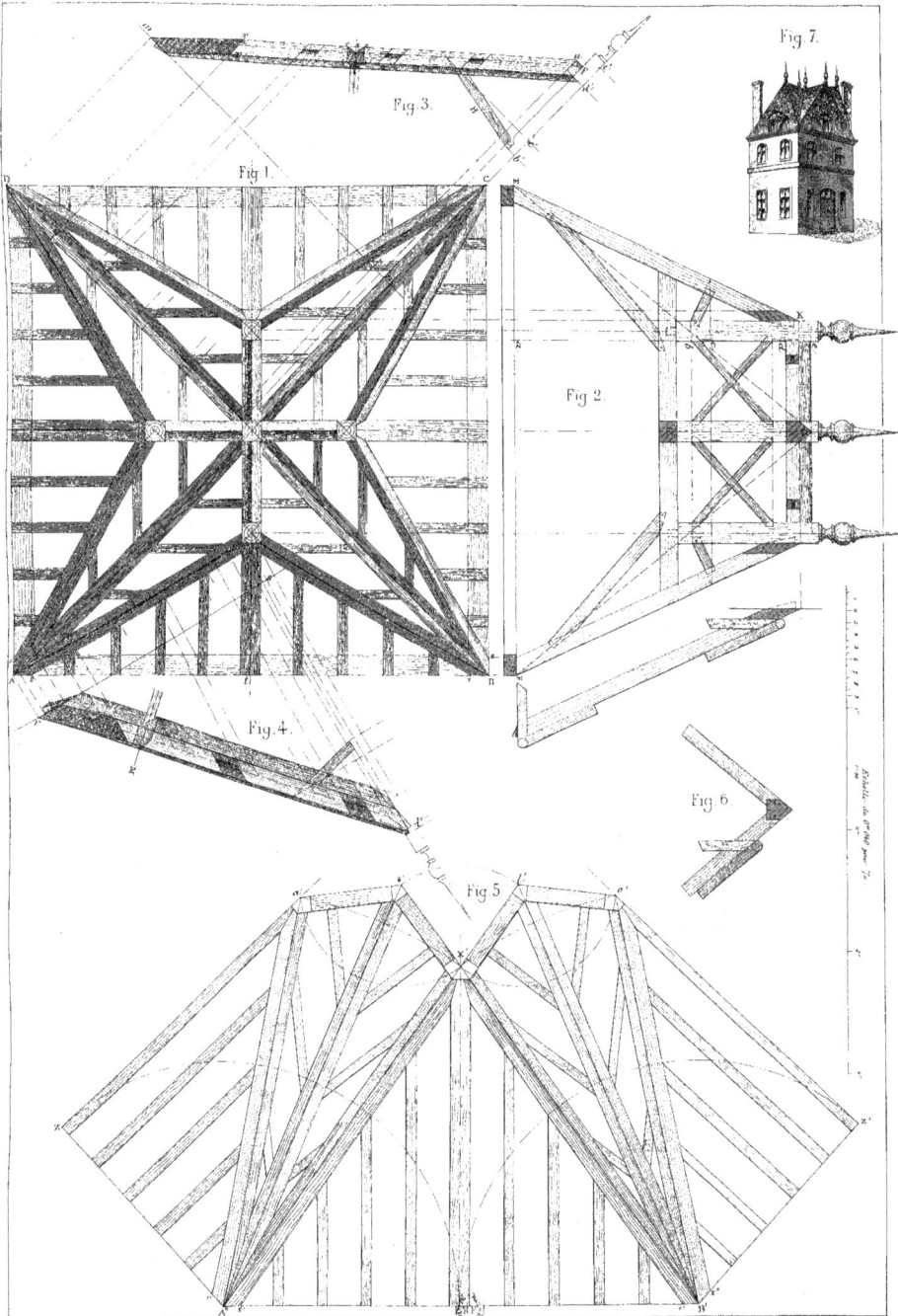

ARETIER SUR PLAN CARRÉ DIT CINQ ÉPIS

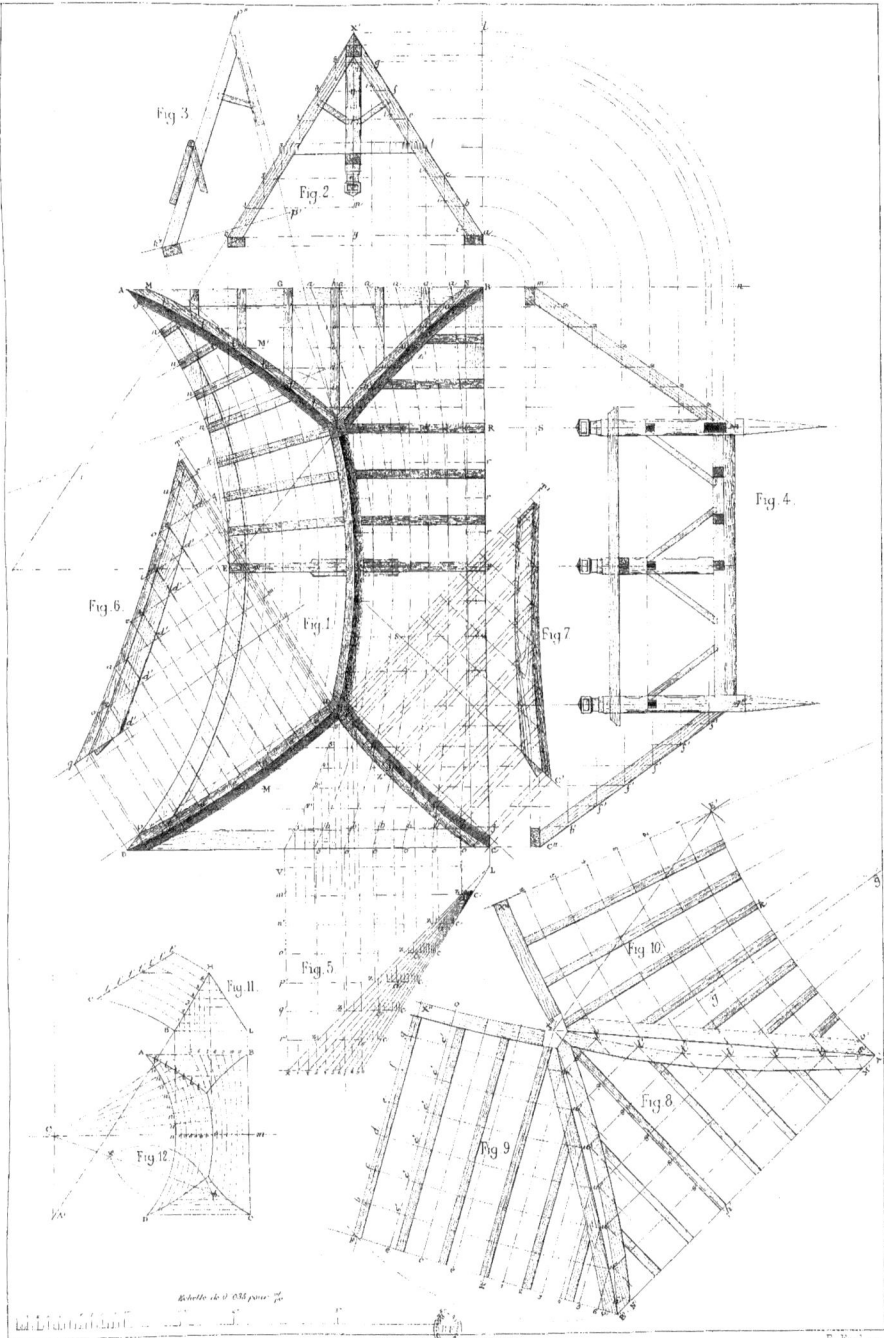

Fig. 3

Fig. 2

Fig. 4

Fig. 6

Fig. 1

Fig. 7

Fig. 5

Fig. 10

Fig. 11

Fig. 8

Fig. 12

Fig. 9

Échelle de 0.035 pour 1m.

ARÉTIER SUR PLAN MIXTILIGNE.

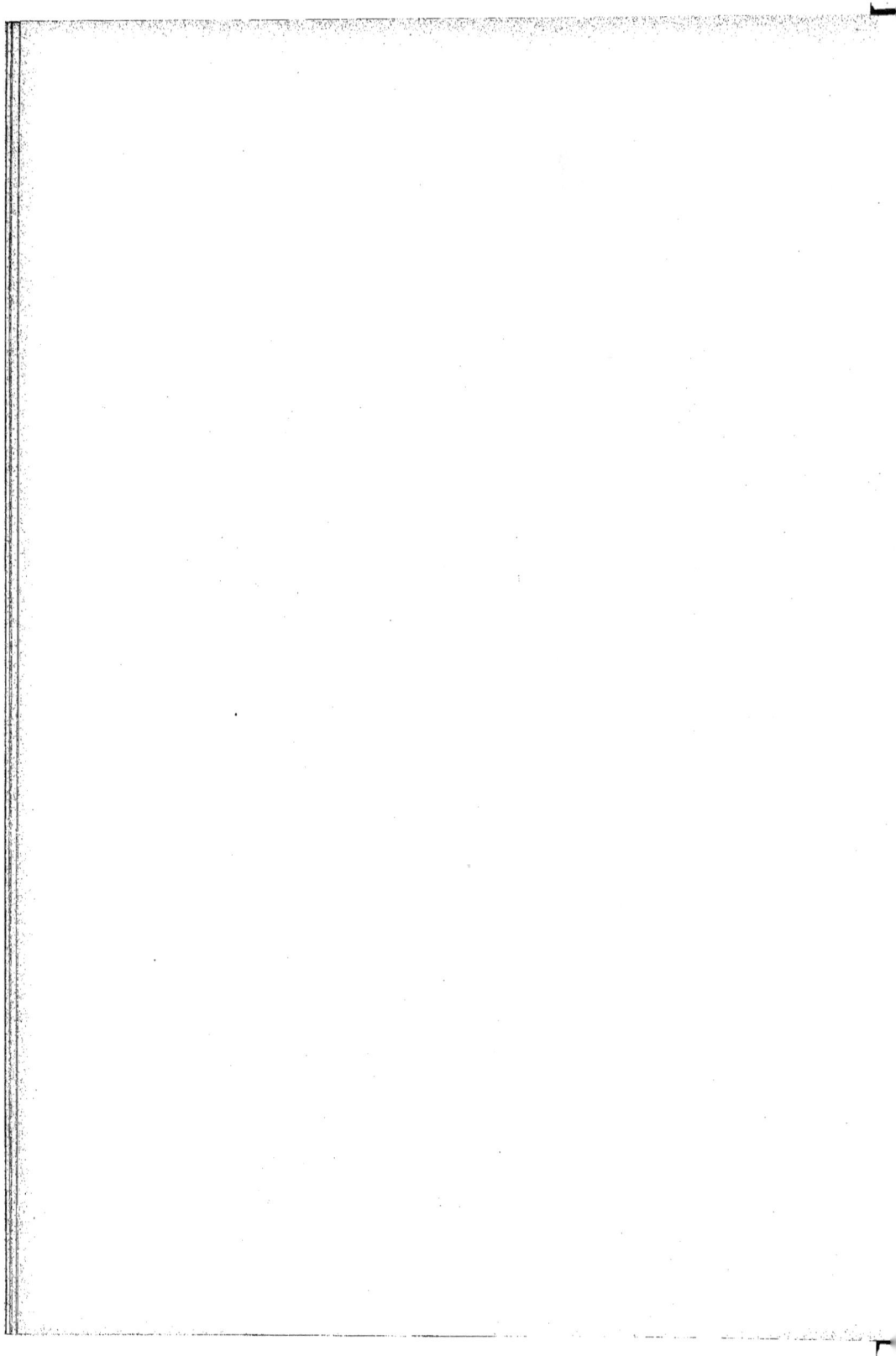

TRÉTEAU ET TABOURET A DOUBLE PENTE

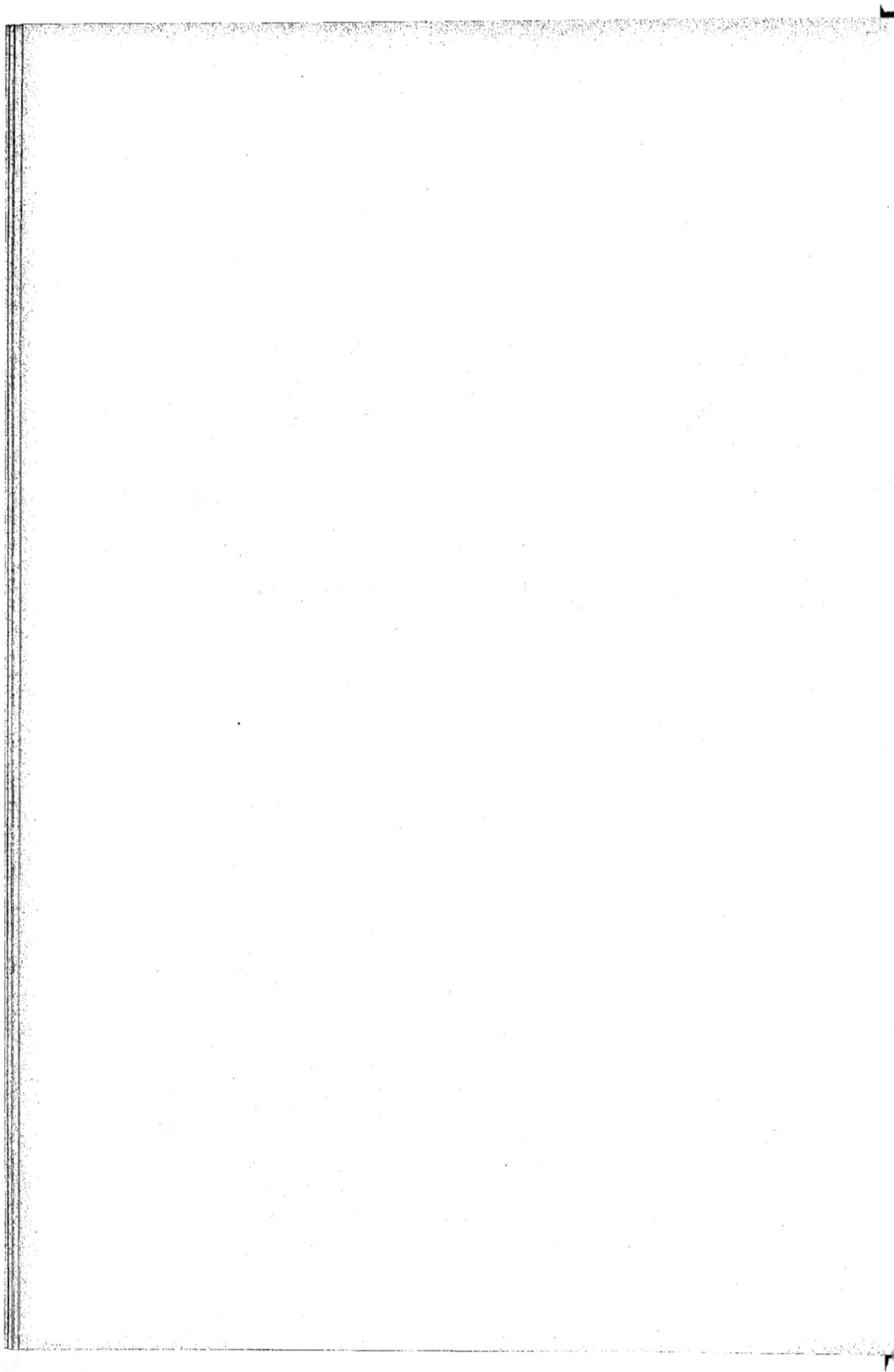

Fig. 1.

Fig. 3.

Fig. 4.

Fig. 5.

Fig. 2.

Fig. 8.

Fig. 6.

Fig. 9.

Fig. 12.

Fig. 11.

Fig. 13.

Fig. 10.

Fig. 7.

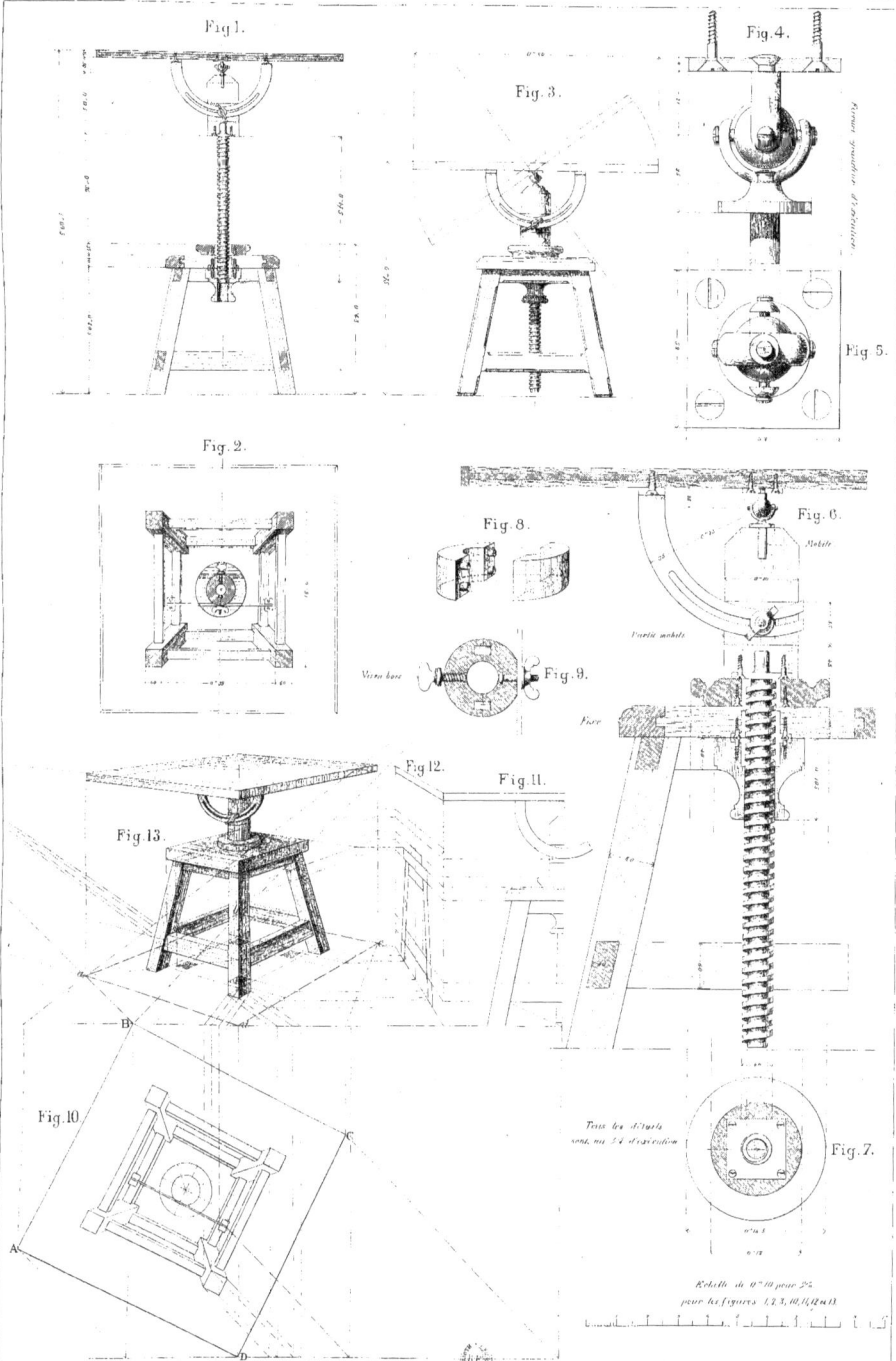

TABLE DE TRAVAIL A PLATEAU MOBILE

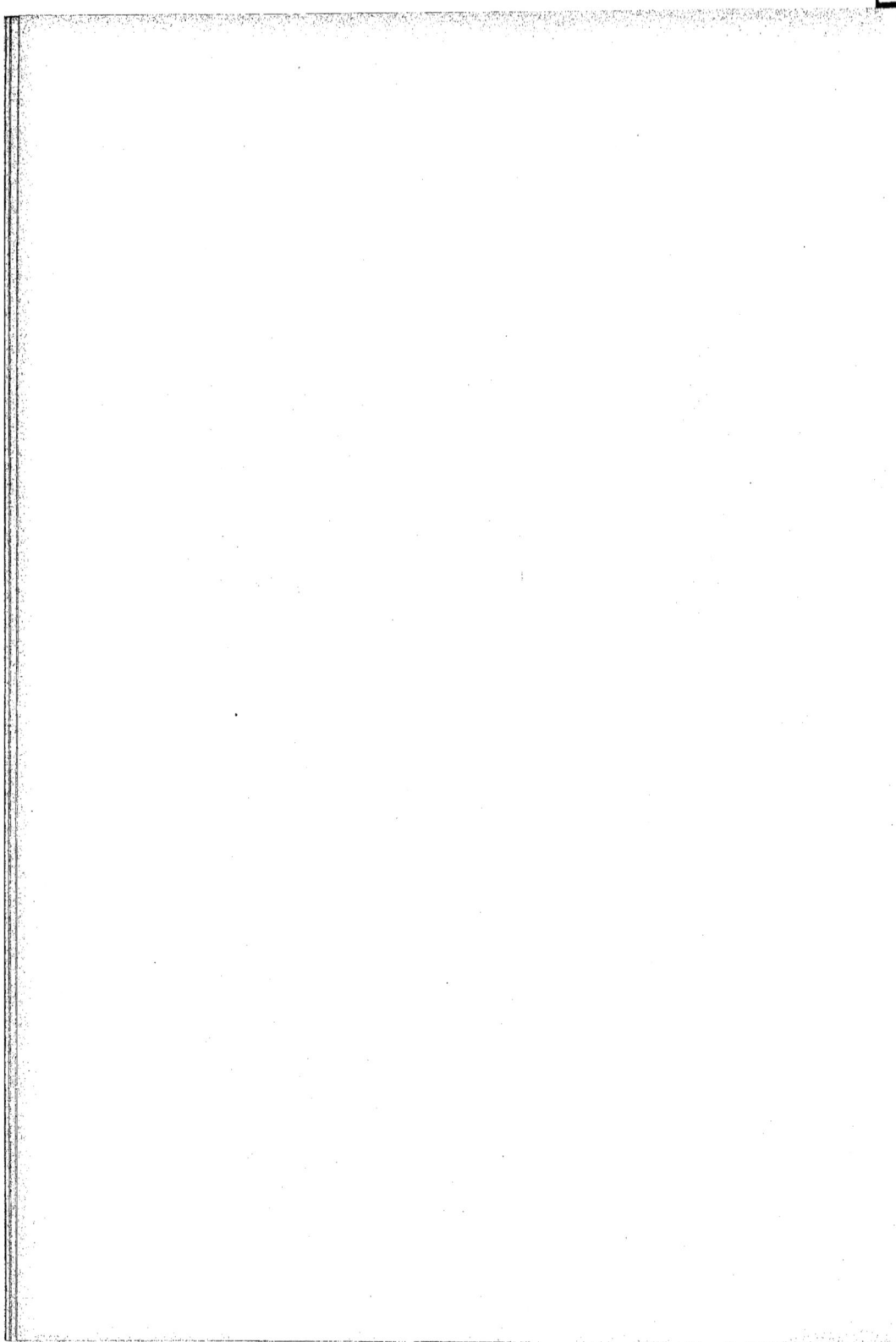

Fig. 1.

Fig. 5.

Fig. 6.

Fig. 4.

Fig. 2.

Fig. 3.

Échelle de 0.020 pour 1

L. Jardin, del.
Imp. Courbier, 45 rue de Dunkerque, Paris.
A. Guillet sc.

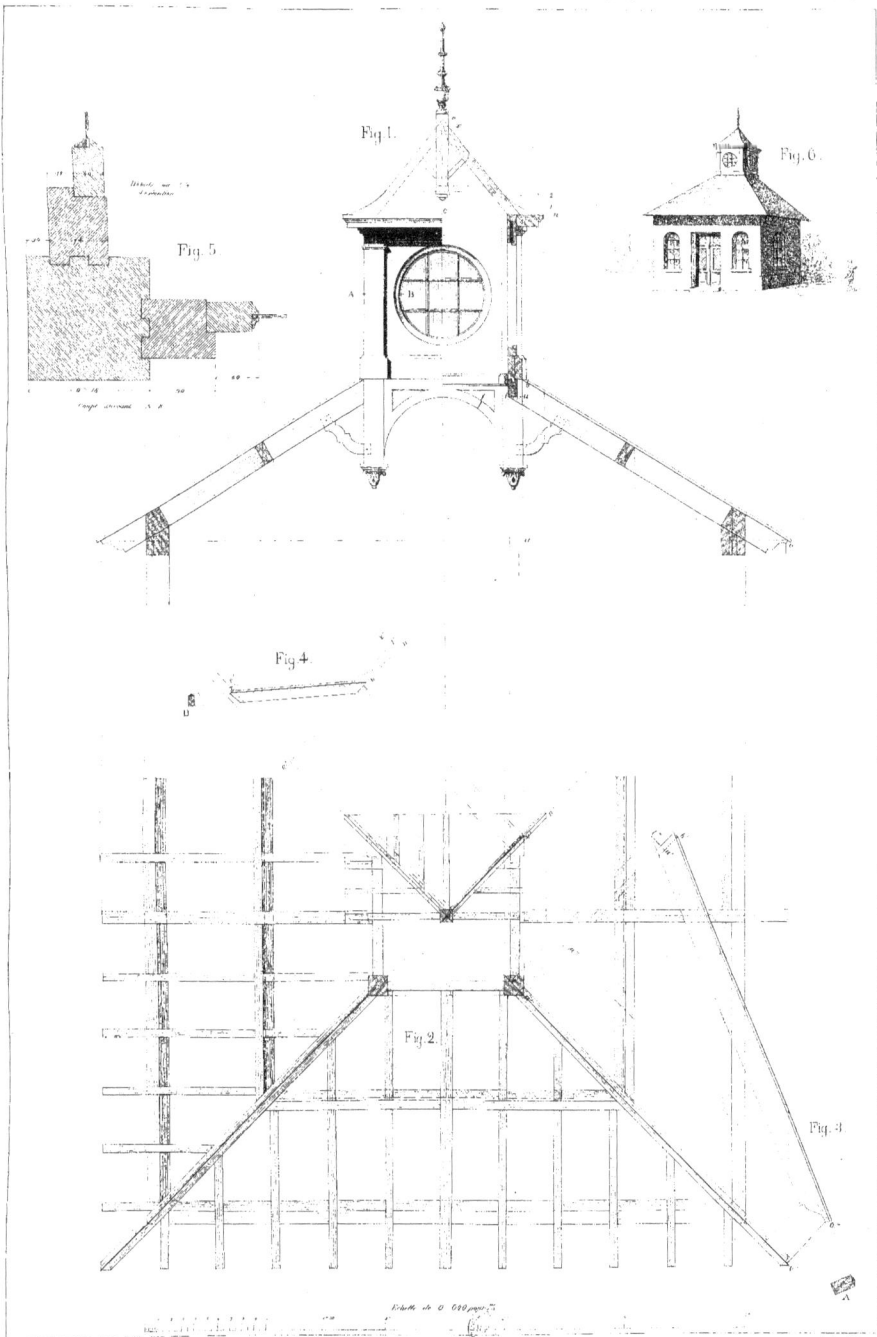

PETIT COMBLE A PENTES RÉGULIÈRES SANS FERMES PERCÉ AU SOMMET
ET SURMONTÉ D'UNE LANTERNE.

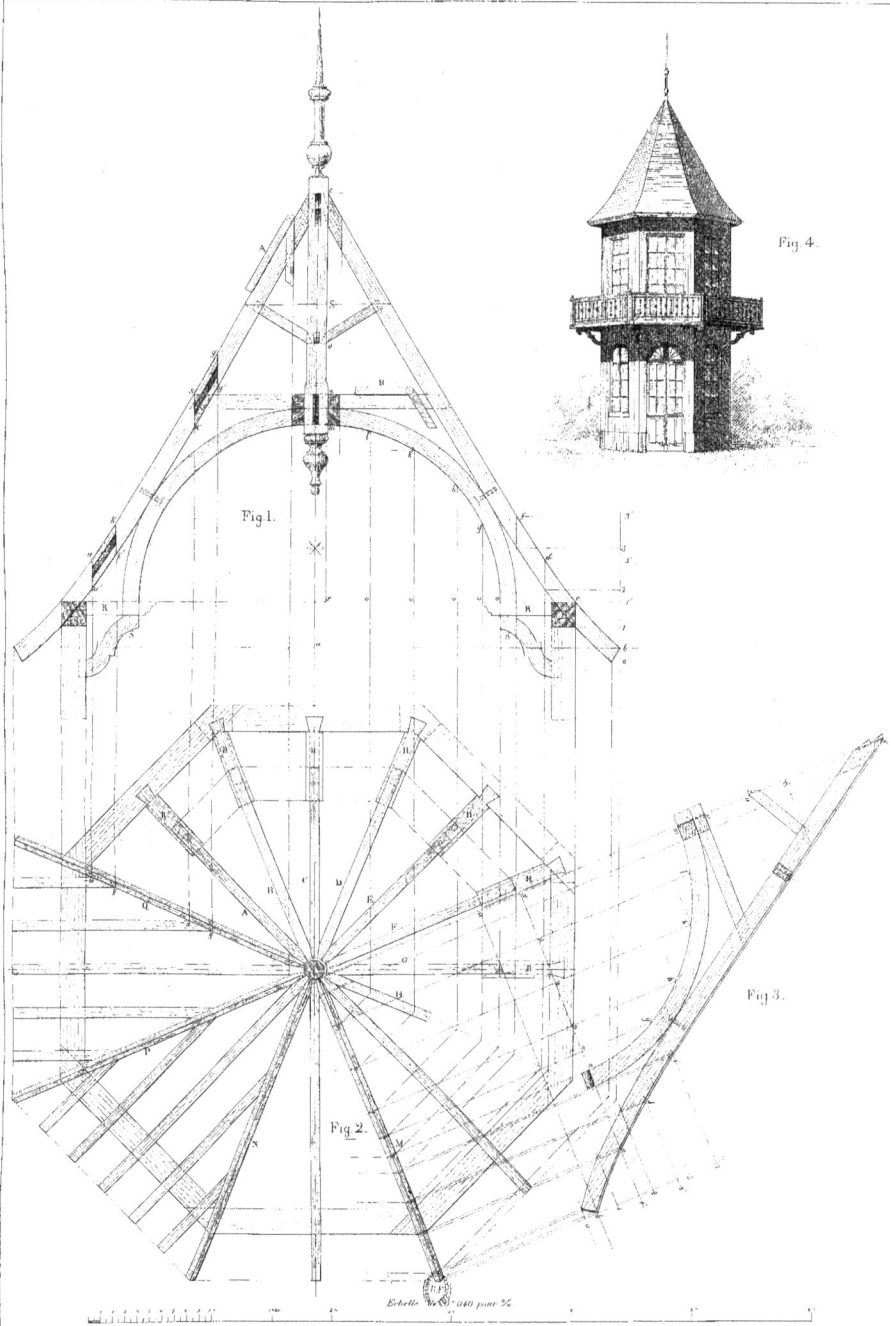

Fig. 4.

Fig. 1.

Fig. 3.

Fig. 2.

Echelle de 0,40 pour 1m

L. Jamin, del.   L. Courtier, 43, rue de Dunkerque, Paris   A. Stultz sc.

COMBLE SUR UN PLAN OCTOGONAL POUR PAVILLON OU TOURELLE.

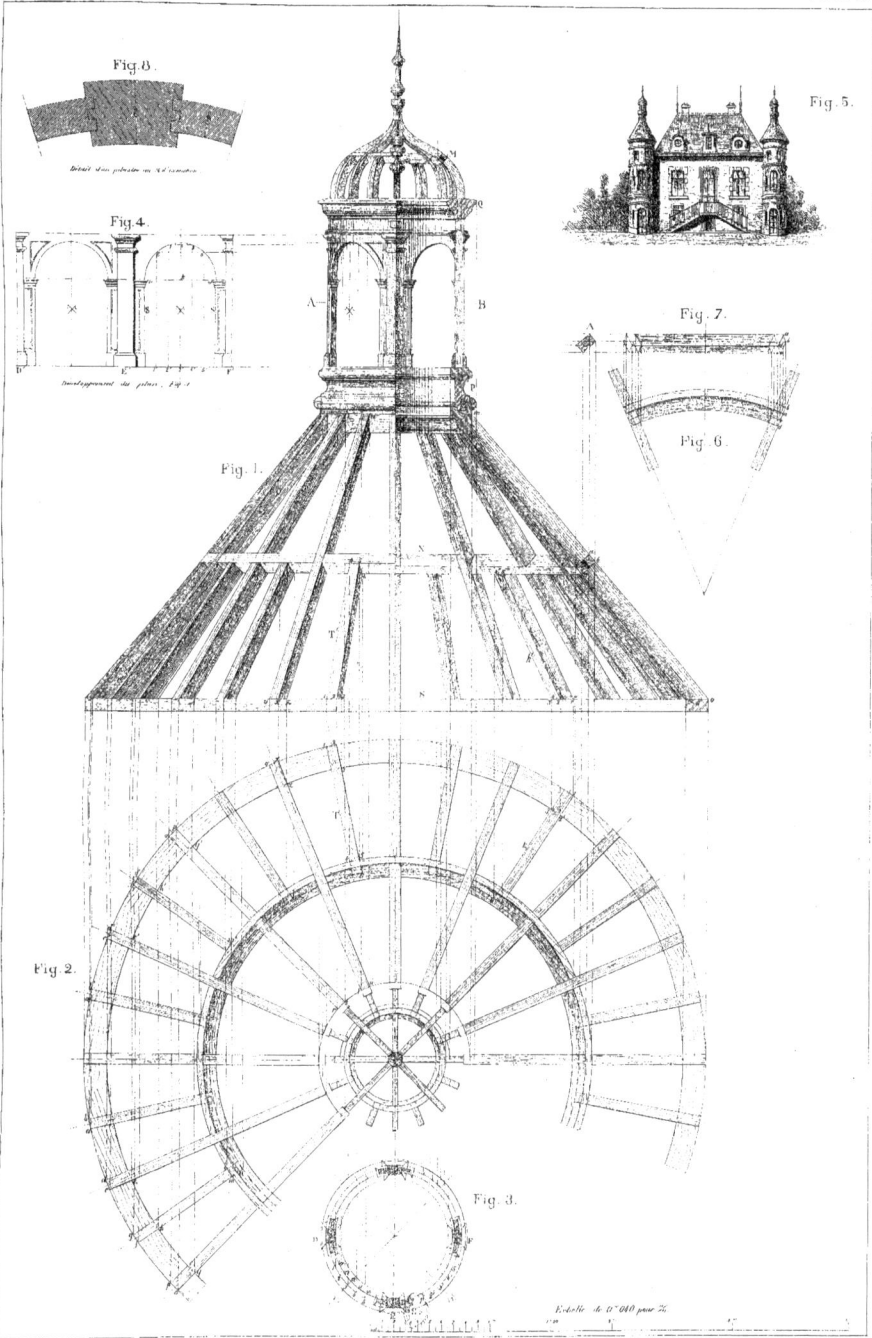

Fig. 8.

Fig. 5.

Fig. 4.

Fig. 1.

Fig. 7.

Fig. 6.

Fig. 2.

Fig. 3.

Échelle de 0,040 pour 1.

PETIT COMBLE CONIQUE TRONQUÉ SURMONTÉ D'UN BELVÉDÈRE.

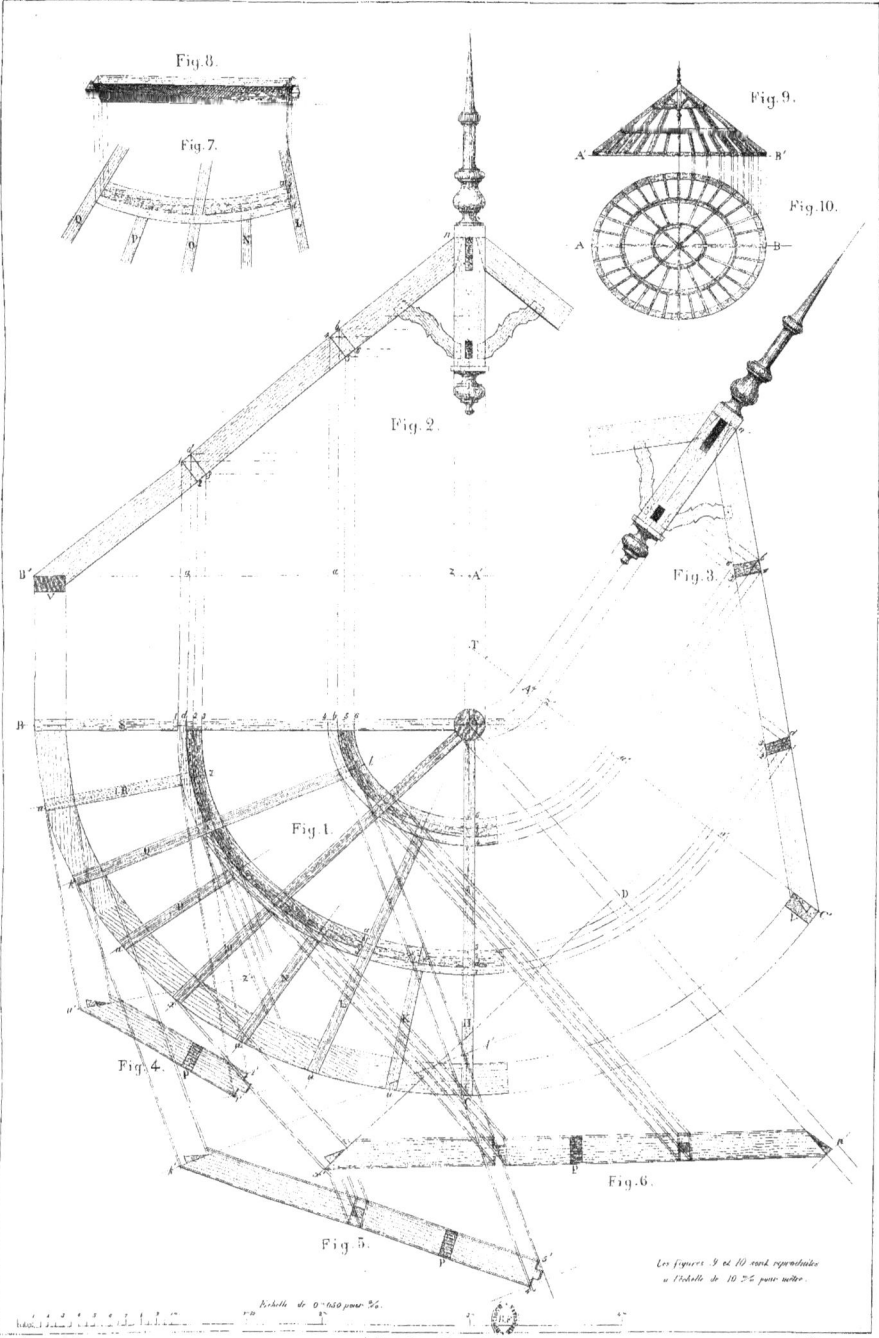

Fig.8.

Fig.7.

Fig.9.

Fig.10.

Fig.2.

Fig.3.

Fig.1.

Fig.4.

Fig.6.

Fig.5.

Les figures 9 et 10 sont reproduites
à l'échelle de 10 % pour mètre.

Echelle de 0.050 pour %

L. Jamin, del

L. Courtier, 49, rue de Dunkerque, Paris.

A. Stutigé, sc.

ARÊTIER CONIQUE SUR UN PLAN A BASE ELLIPTIQUE.

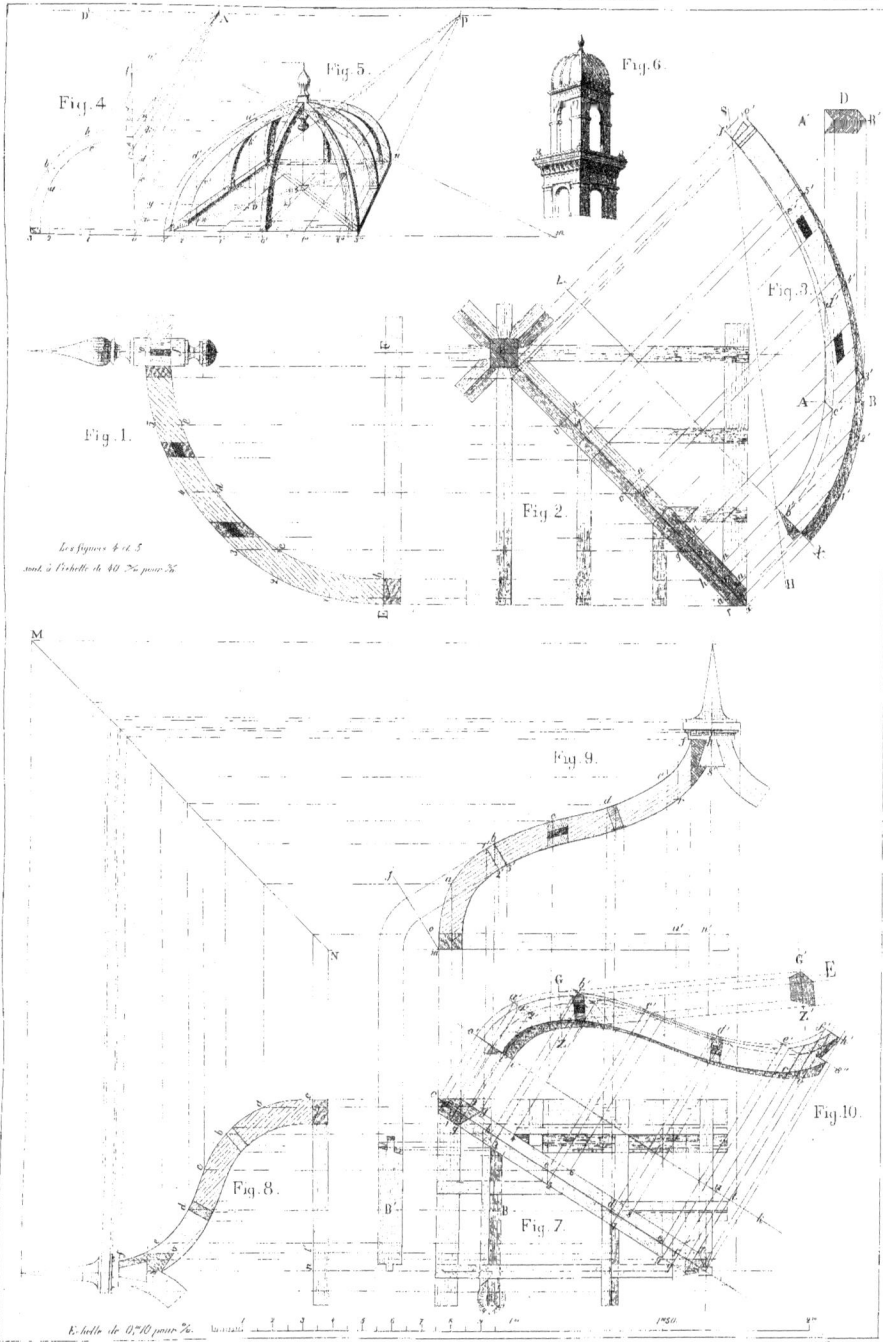

Fig. 4.

Fig. 5.

Fig. 6.

Fig. 3.

Fig. 1.

Fig. 2.

Les figures 4 et 5
sont à l'échelle de 40 ℔ pour ¾.

Fig. 9.

Fig. 8.

Fig. 10.

Fig. 7.

Echelle de 0,ᵐ10 pour ¾.

L. Courtier, 43, rue de Dunkerque, Paris

ARÊTIERS CINTRÉS ET EN S OU COURBES SUR ANGLE SUR PLANS RECTANGULAIRES.

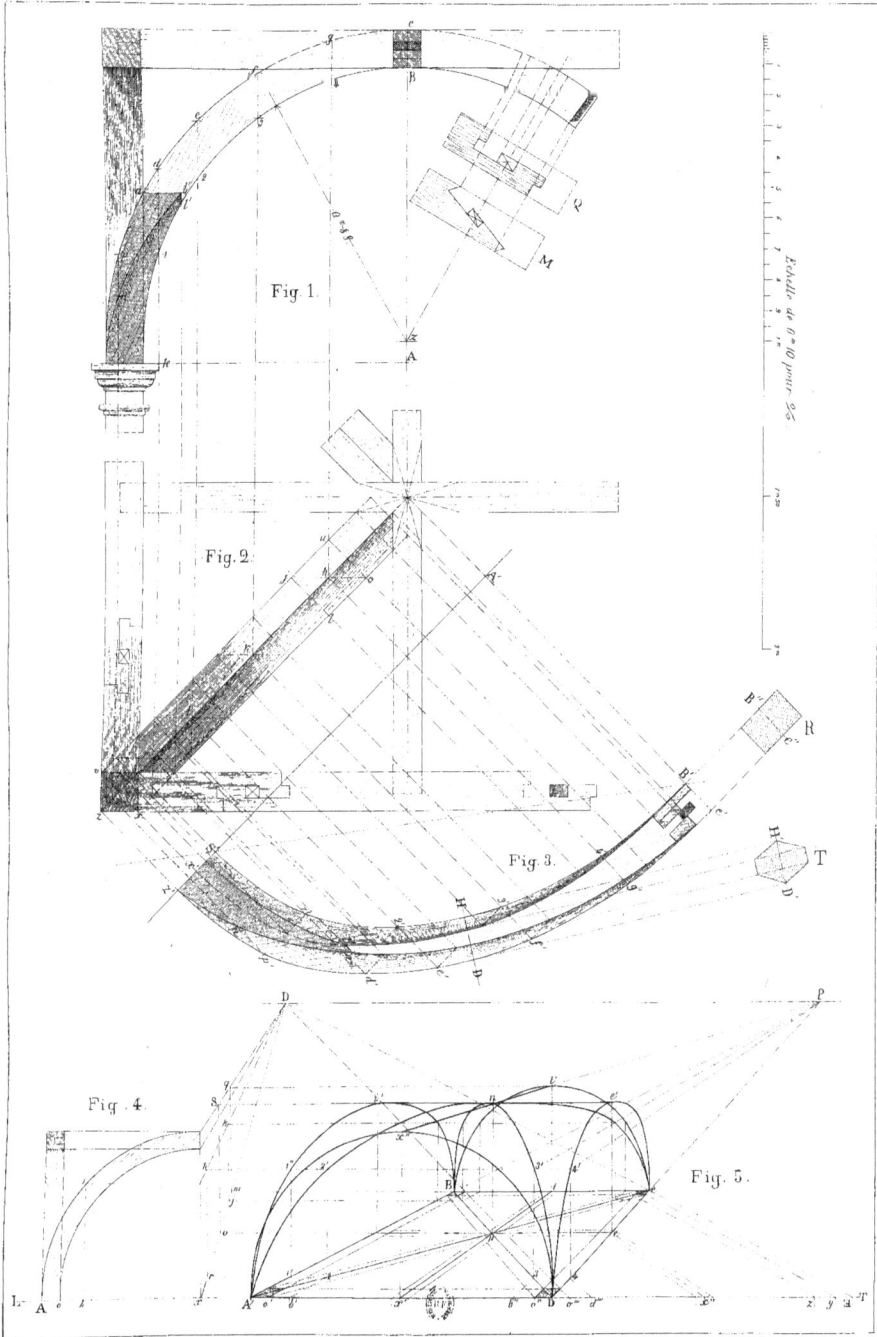

Fig. 1.

Fig. 2.

Fig. 3.

Fig. 4.

Fig. 5.

R

T

Echelle de 0 m 10 pour 0,05

L. Jamin, del.

L. Courtier, 43, rue de Dunkerque, Paris.

A. Stuttge, sc.

ARÊTIER, DIT A CÔTE DE VACHE, FORMANT VOUTE D'ARÊTE
ET SA VUE PERSPECTIVE.

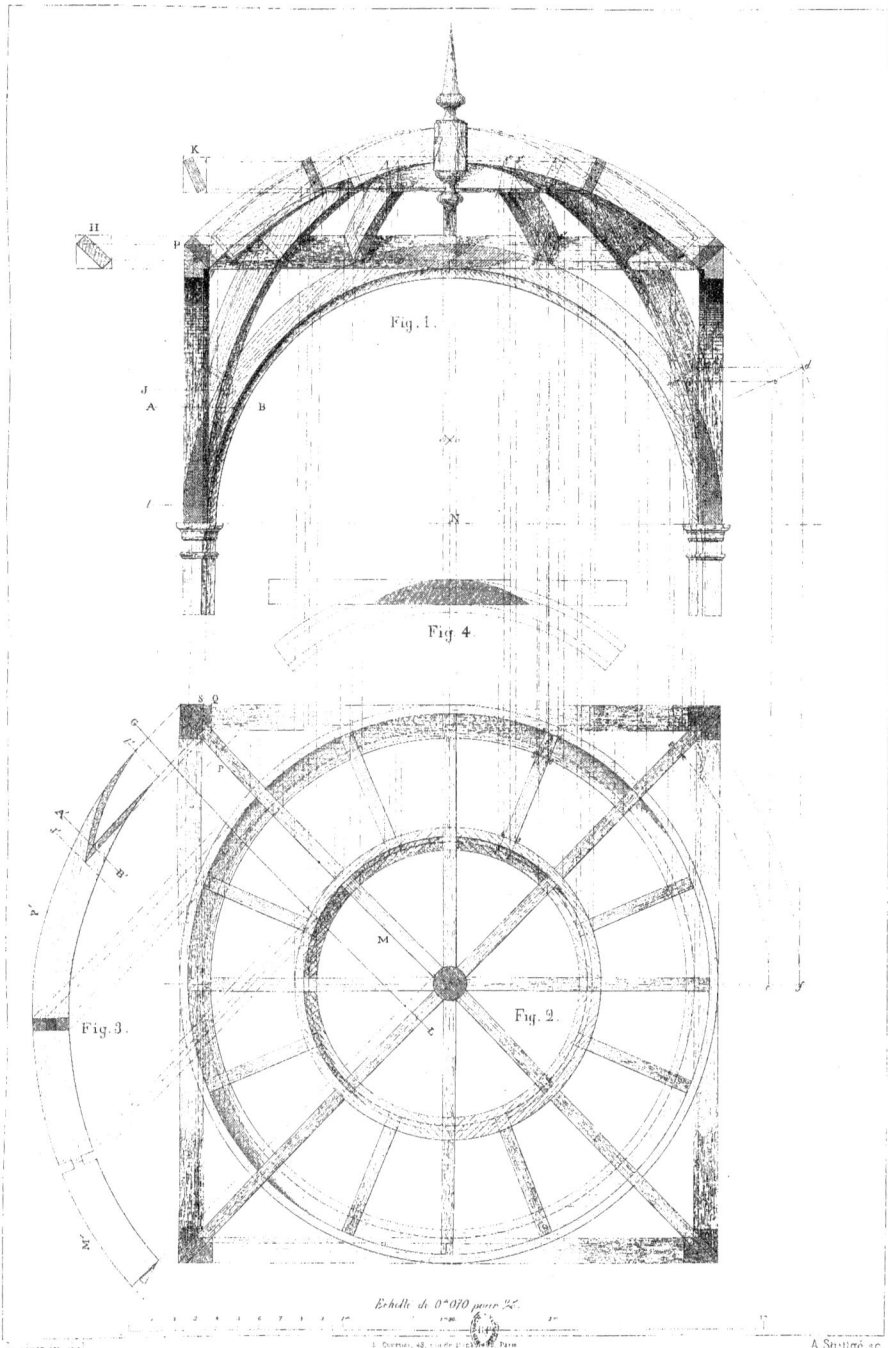

Fig. 1.

Fig 4

Fig. 3.

Fig. 2.

Echelle de 0.^m070 pour 1.^m

ARÉTIER EN ARCHIVOLTE A BERCEAU DÉSARQUÉ.

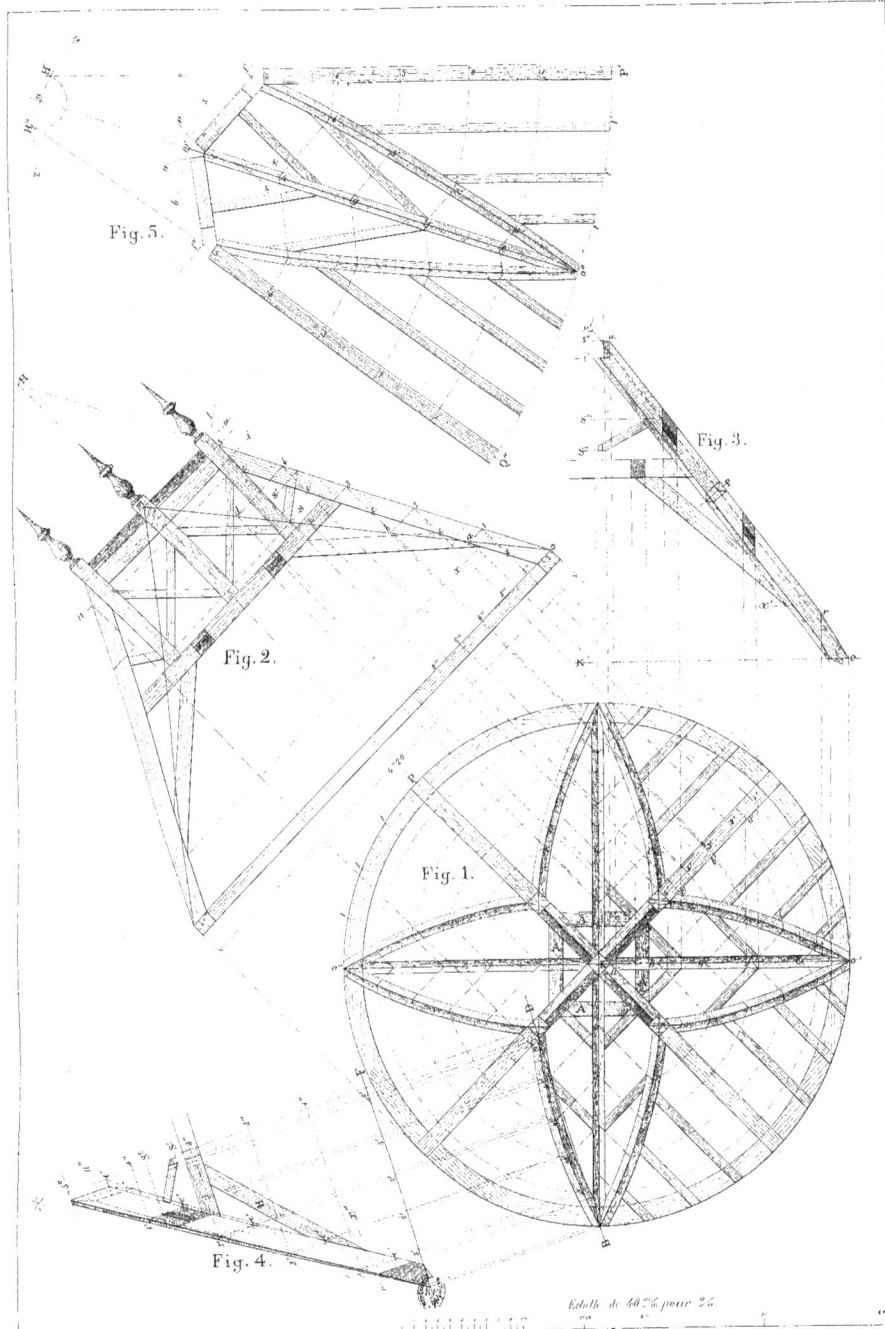

Fig. 5.

Fig. 3.

Fig. 2.

Fig. 1.

Fig. 4.

Echelle de 40 % pour 2%.

L. Courtier, 43, rue de Dunkerque, Paris

A. Stuttge, sc.

J. Janin, del.

ARÊTIER À CINQ ÉPIS SUR PLAN CIRCULAIRE

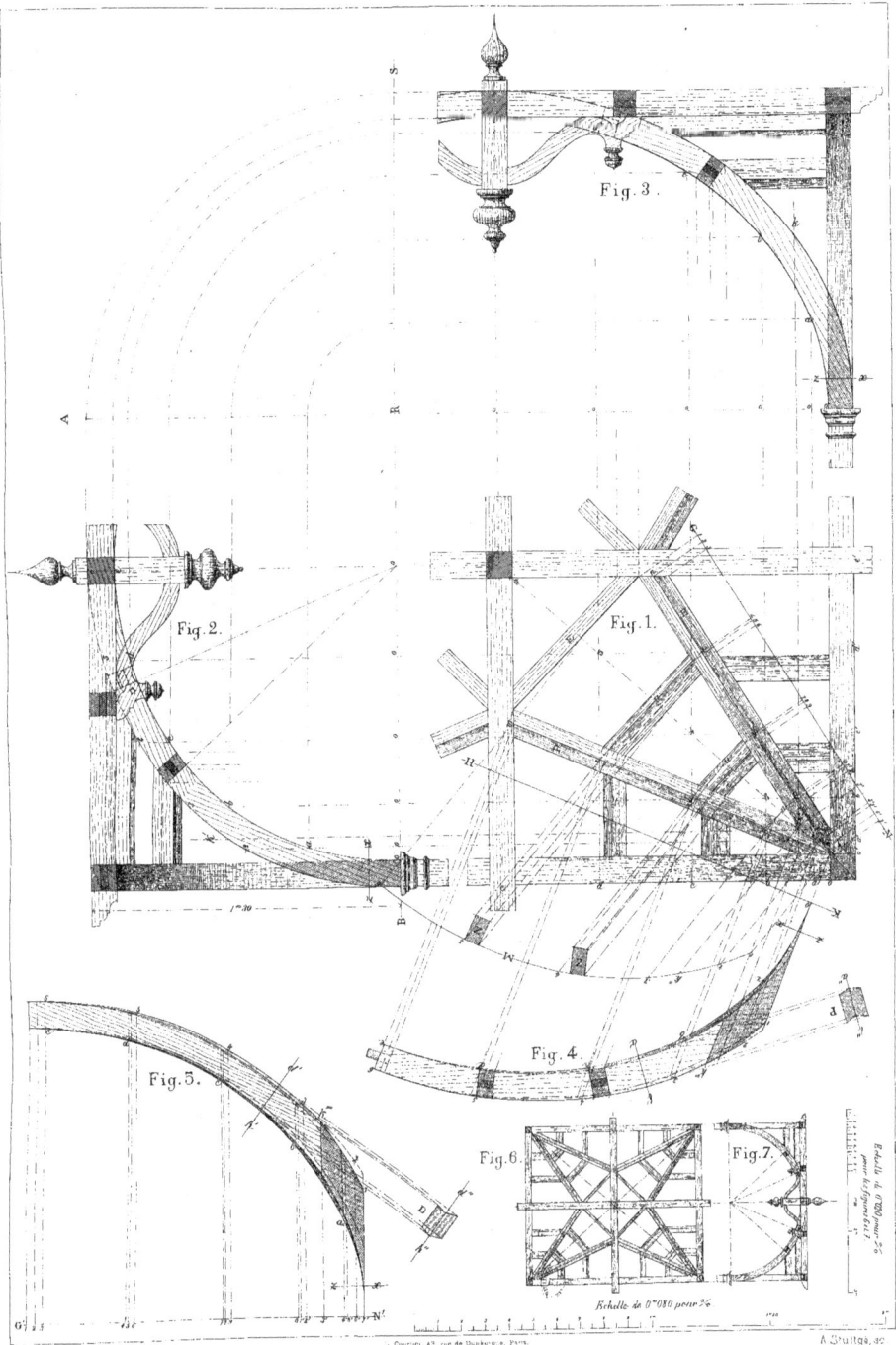

Fig. 3.

Fig. 2.

Fig. 1.

Fig. 4.

Fig. 5.

Fig. 6.

Fig. 7.

L. Jamin, del

A. Stuttge, sc

ARÉTIER EN VOÛTE D'ARÊTE À DOUBLE NOUE FORMANT PAN COUPÉ.

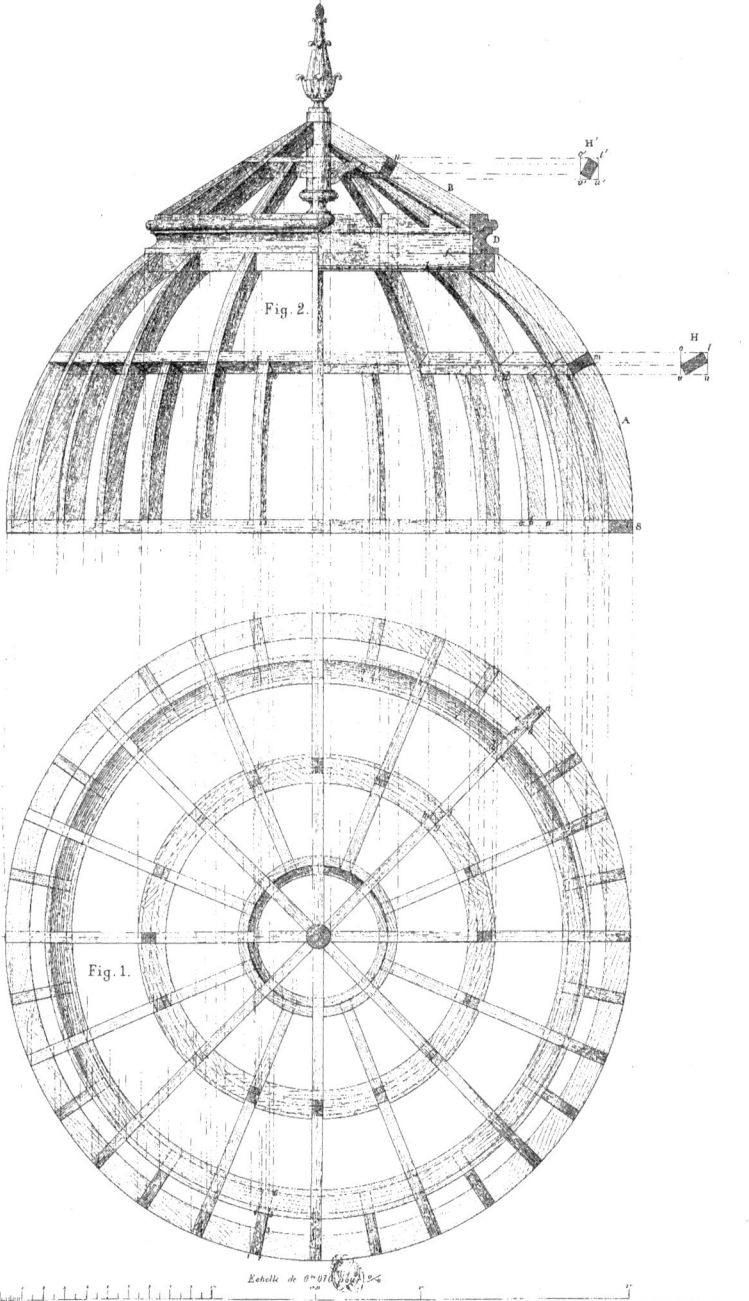

Fig. 2.

Fig. 1.

Echelle de 0.010 pour 1 m.

L. Courtier, 49, rue de Dunkerque, Paris

COUPOLE SURMONTÉE D'UN PETIT ARÉTIER CONIQUE.

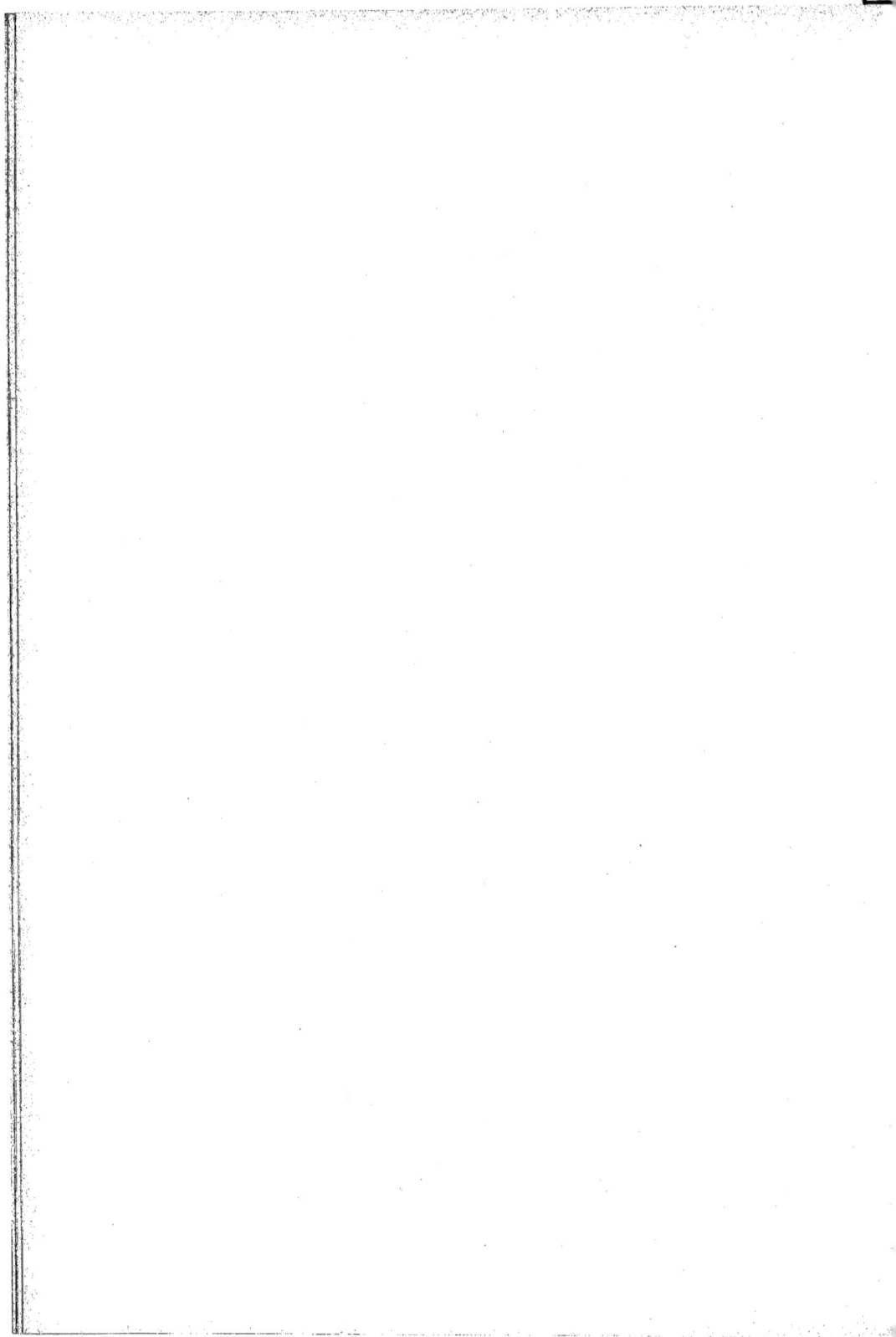

Fig. 3.

Fig. 5.

Fig. 8.

Fig. 4.

Fig. 7.

Fig. 1.

Fig. 2.

Fig. 6.

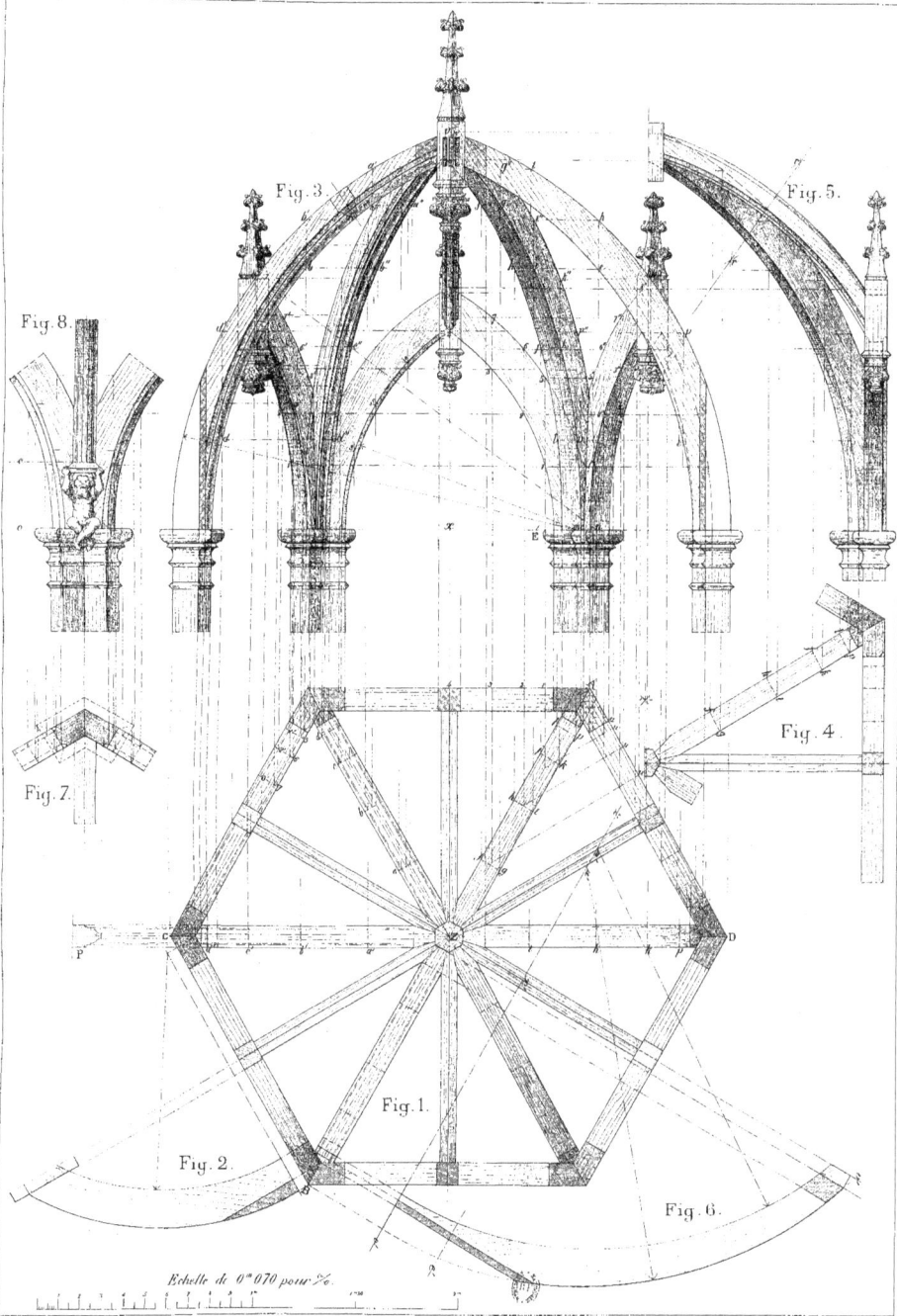

Echelle de 0ᵐ070 pour %.

L. Jamin, del.

A. Stutge. sc.

ARÊTIER OGIVAL EN VOÛTE D'ARÊTE SUR UN PLAN HÉXAGONAL.

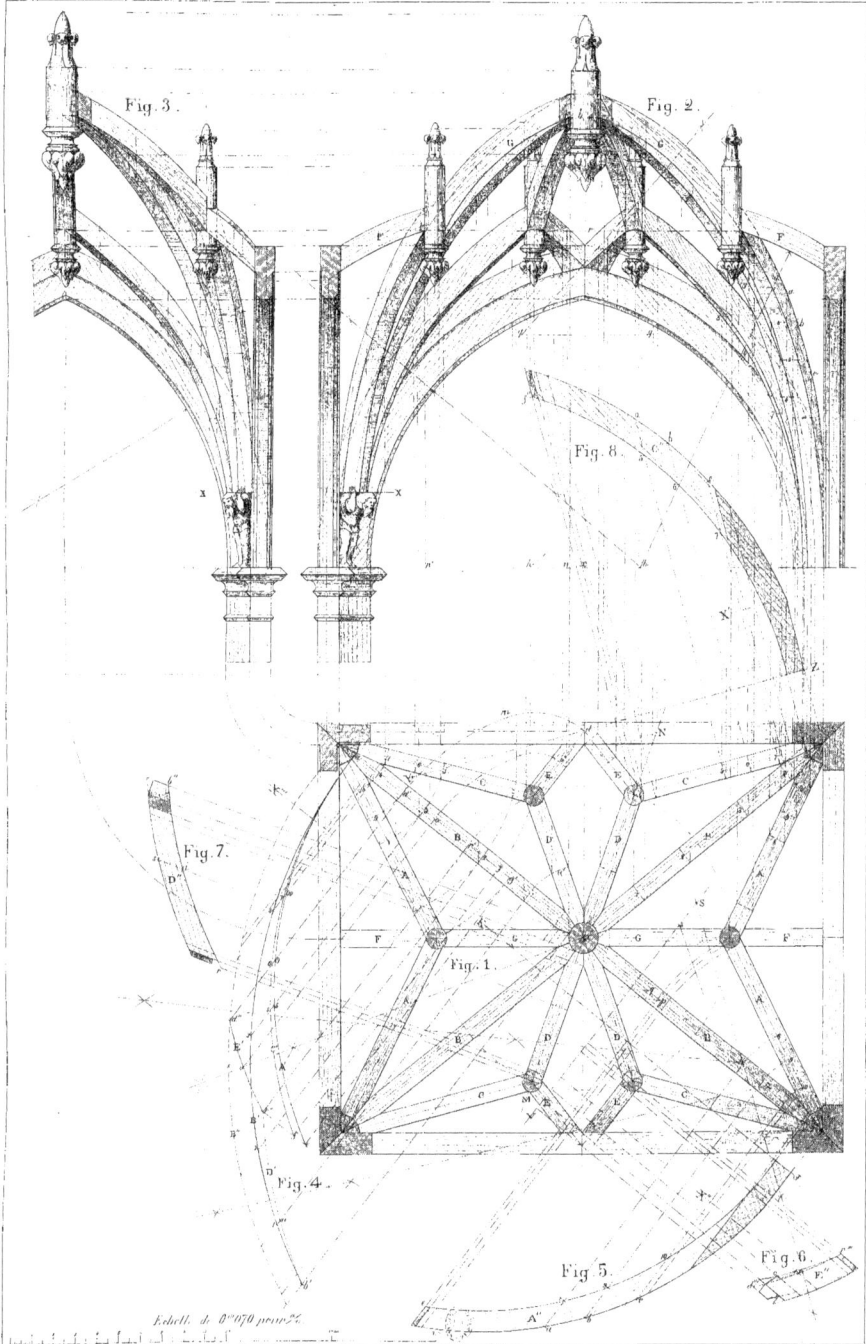

Fig. 3.

Fig. 2.

Fig. 8.

Fig. 7.

Fig. 1.

Fig. 4.

Fig. 5.

Fig. 6.

Echell. de 0.m070 pour 2m.

L. Jamin, del.　　　　L. Courtier, 43, rue de Dunkerque, Paris　　　　A. Stuttge, sc.

ARÉTIER EN FORME DE VOÛTE D'ARÉTE OGIVALE À TRIPLES ARÊTES.

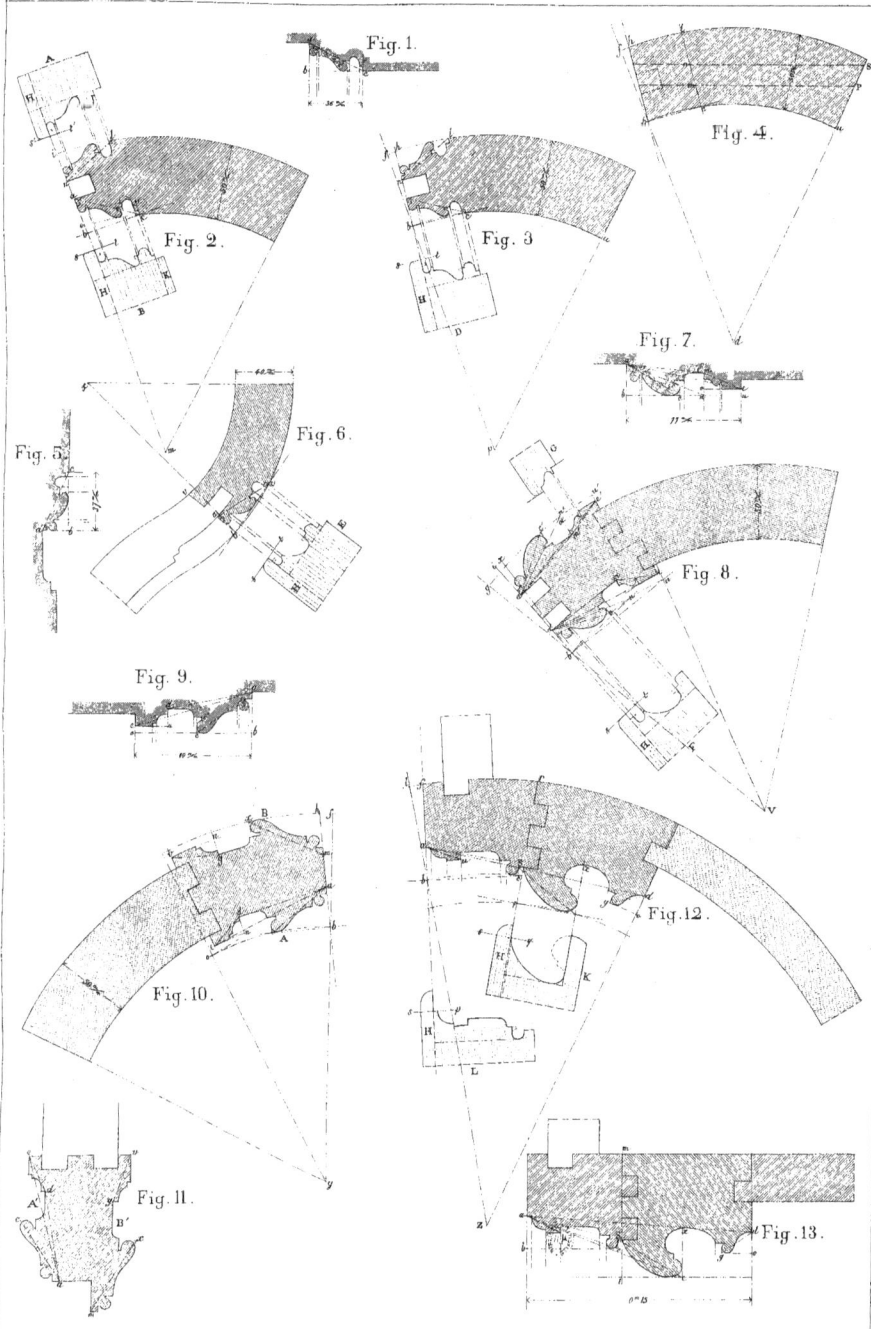

Fig. 1.

Fig. 2.

Fig. 3.

Fig. 4.

Fig. 5.

Fig. 6.

Fig. 7.

Fig. 8.

Fig. 9.

Fig. 10.

Fig. 11.

Fig. 12.

Fig. 13.

L. Jamin, del.

L. Courtier, 48, rue de Dunkerque, Paris.

A. Stuttgé. sc.

MANIÈRE DE DÉTERMINER LE CORROYAGE DES BOIS CINTRÉS ORNÉS DE MOULURES,
DEMI-GRANDEUR D'EXÉCUTION

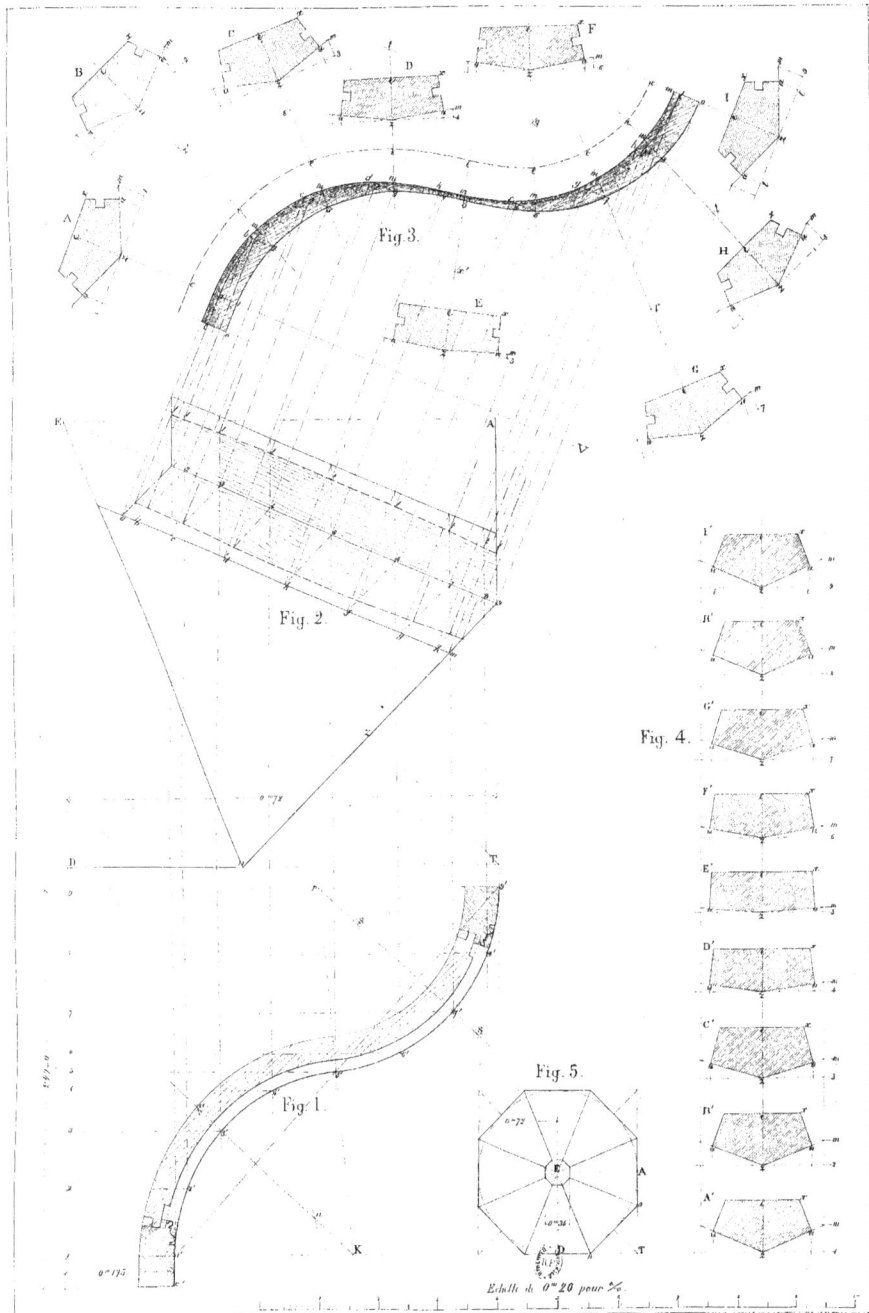

Fig. 3.

Fig. 2.

Fig. 4.

Fig. 1.

Fig. 5.

Echelle de 0^m20 pour $\%$

MANIÈRE DE DÉTERMINER LA PROJECTION D'UN ARÉTIER EN FORME DE CUL-DE-LAMPE
CINTRÉ EN S SUR UN PLAN OCTOGONAL.

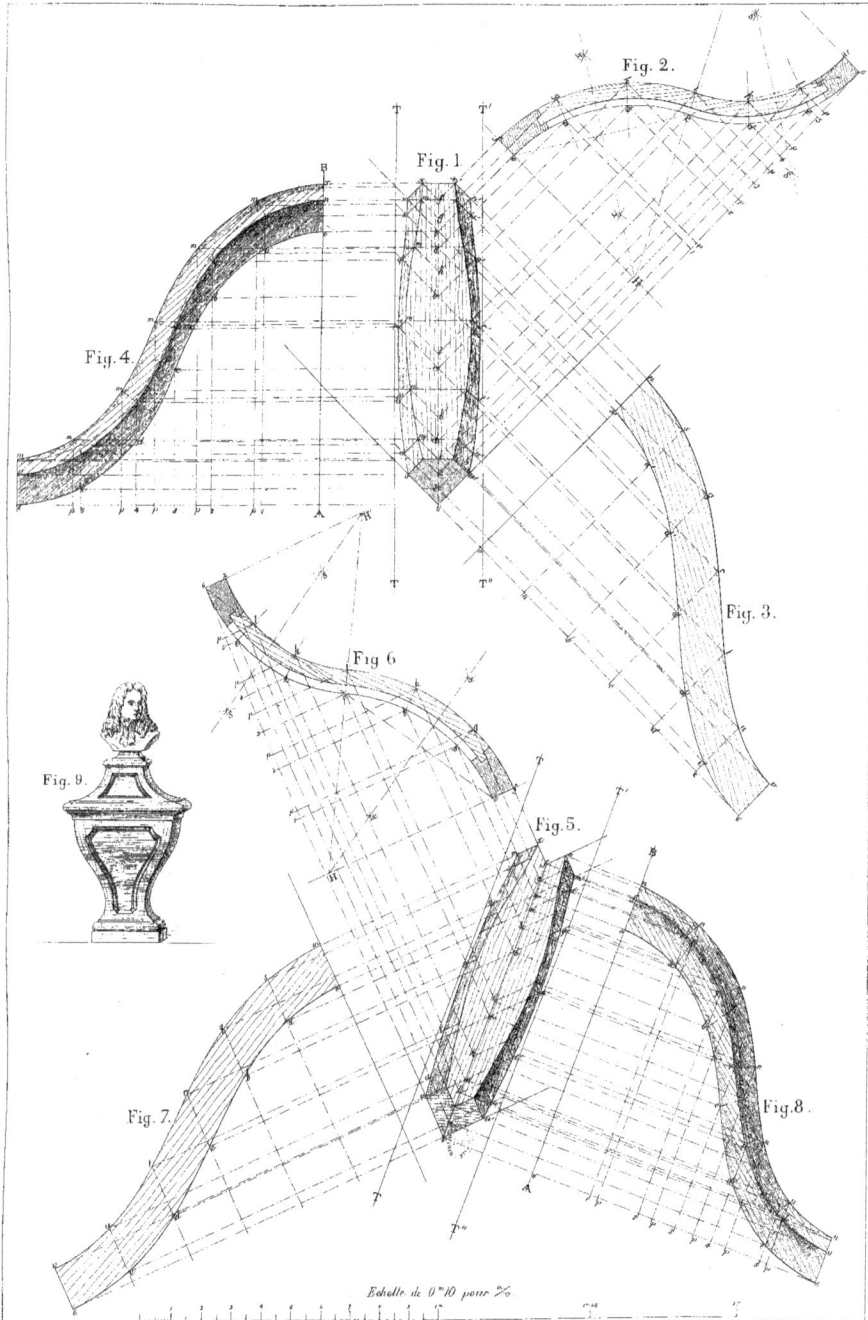

Fig. 2.

Fig. 1.

Fig. 4.

Fig. 3.

Fig 6

Fig. 9.

Fig. 5.

Fig. 7.

Fig.8.

Echelle de 0ᵐ10 pour %

L. Jamin, del.

Courtier, 43, rue de Quincampoix, Paris.

A. Stutzig, sc.

PROJECTION D'ARÊTIERS CINTRÉS EN S, PLEINS ET ÉVIDÉS,
SUR PLANS RECTANGULAIRES.

Fig. 1.

Fig. 5.

Fig. 4.

Fig. 2.

Fig. 3.

Fig. 6.

Echelle de 0.^m15 pour %

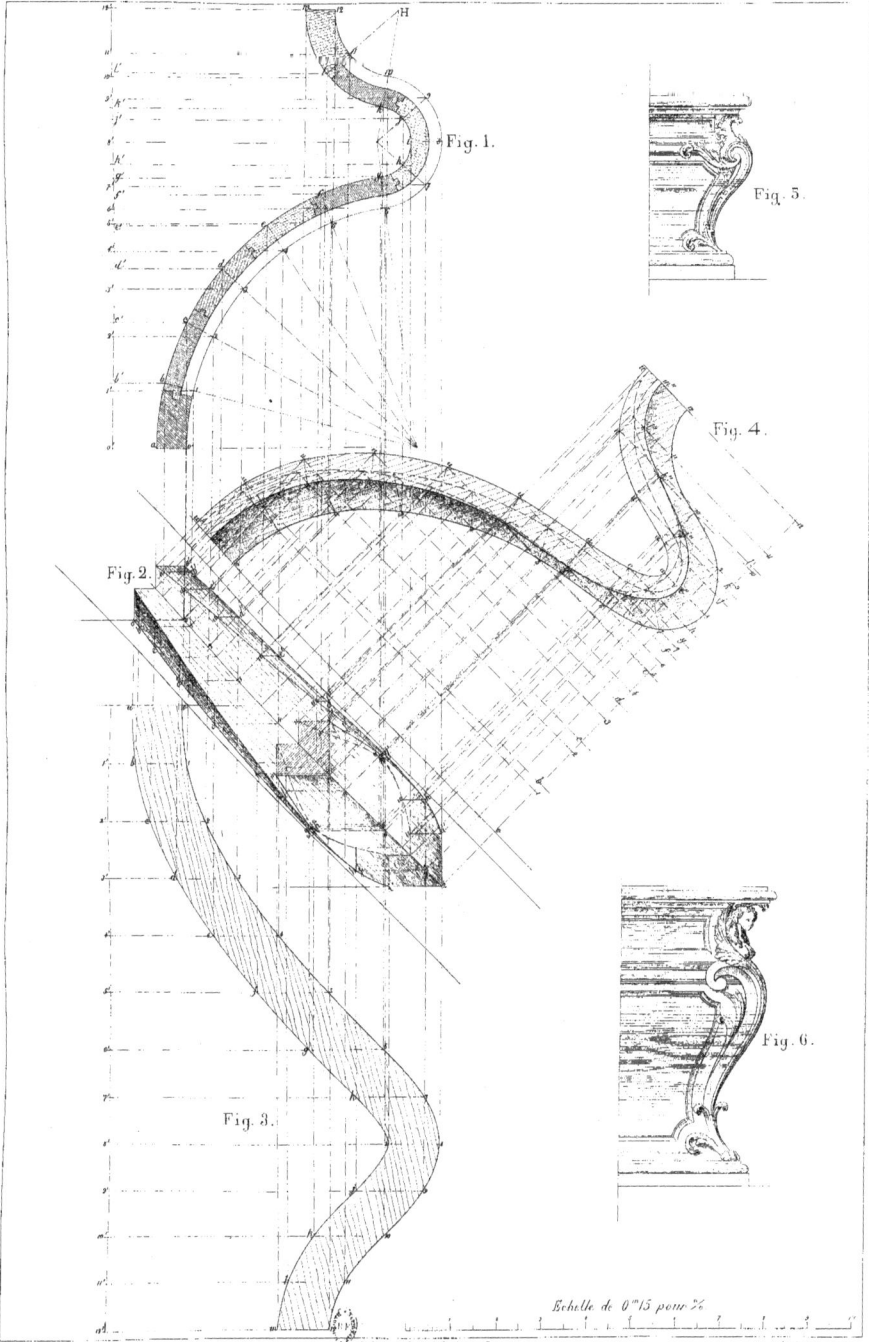

AUTRE ARÊTIER CINTRÉ EN S SUR PLAN RECTANGULAIRE, POUR AUTEL.

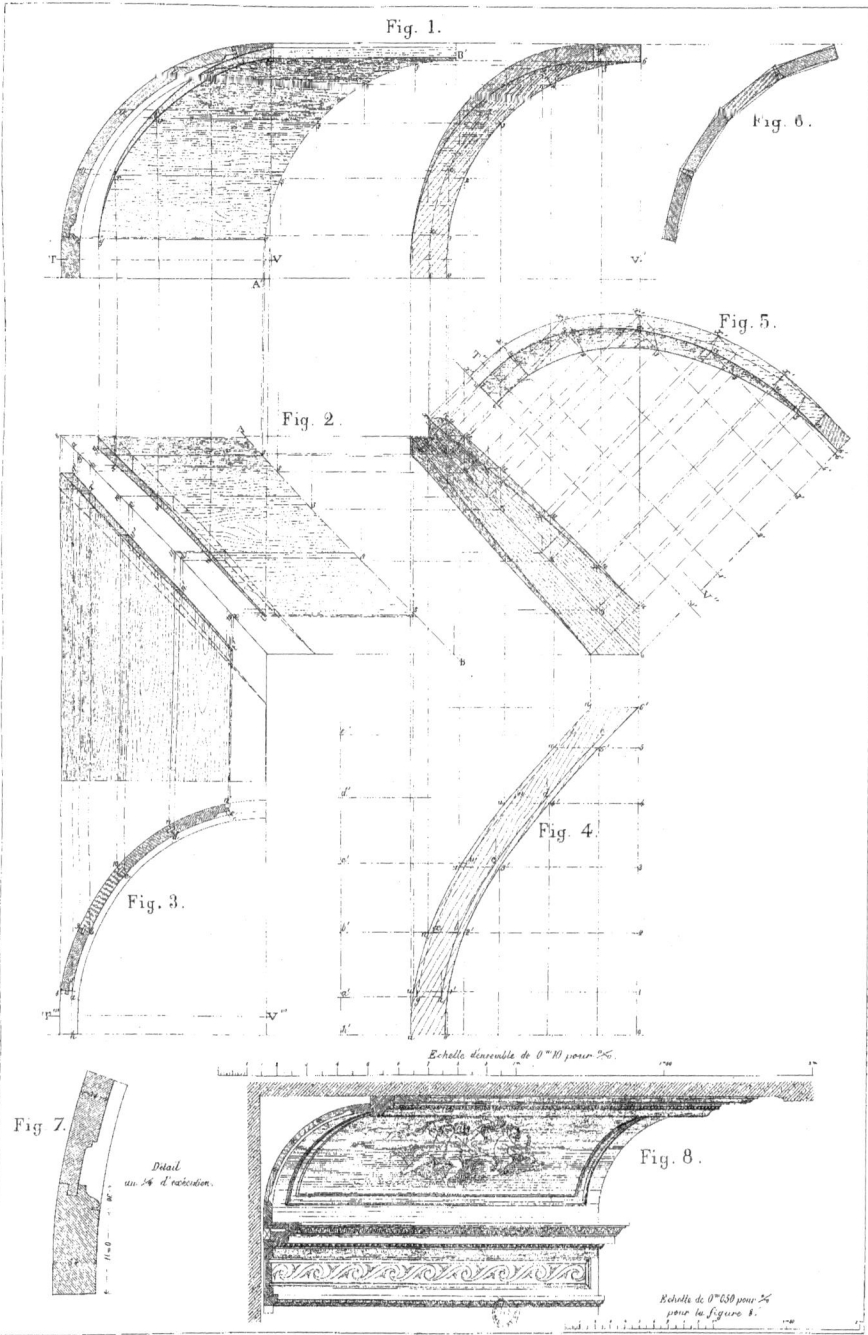

Fig. 1.

Fig. 6.

Fig. 5.

Fig. 2.

Fig. 3.

Fig. 4.

Fig 7.

Détail
au ¼ d'exécution.

Fig. 8.

Echelle d'ensemble de 0·m·10 pour 2·m.

Echelle de 0·m·050 pour ¼
pour la figure 8.

L. Janin, del.   L. Courter, 49, rue de Dunkerque, Paris   A Stuttge sc.

MANIÈRE DE DÉTERMINER LA PROJECTION DES COURBES SUR ANGLE RENTRANT ET SAILLANT.
DE L'APPLICATION DE CES COURBES SUR ANGLE AUX CORNICHES EN BOIS.

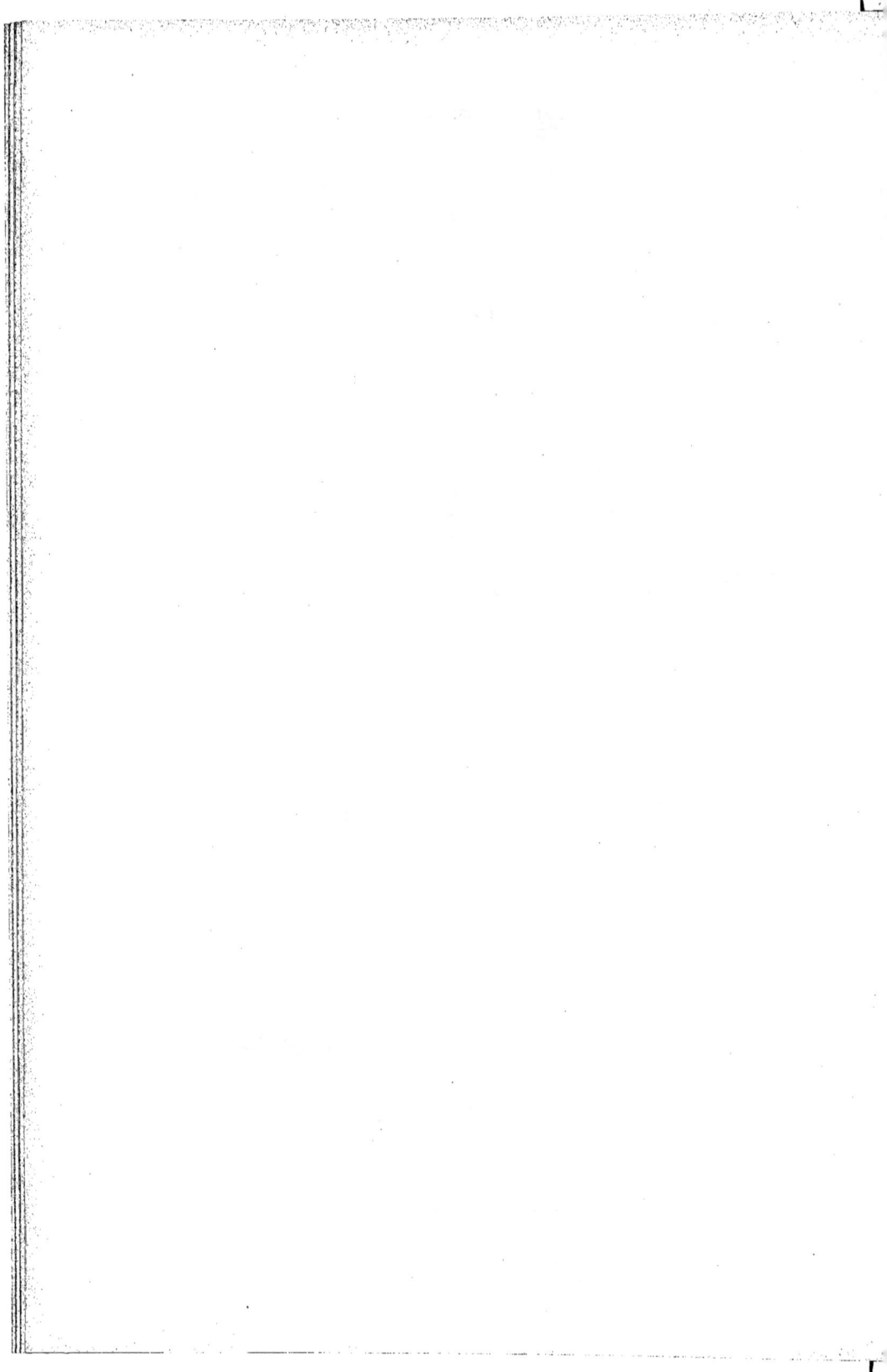

Fig. 1.

Fig. 6.

Fig. 8.

Fig. 7.

Fig. 2.

Fig. 3.

Fig. 4.

Fig. 5.

Fig. 9.

Fig. 10.

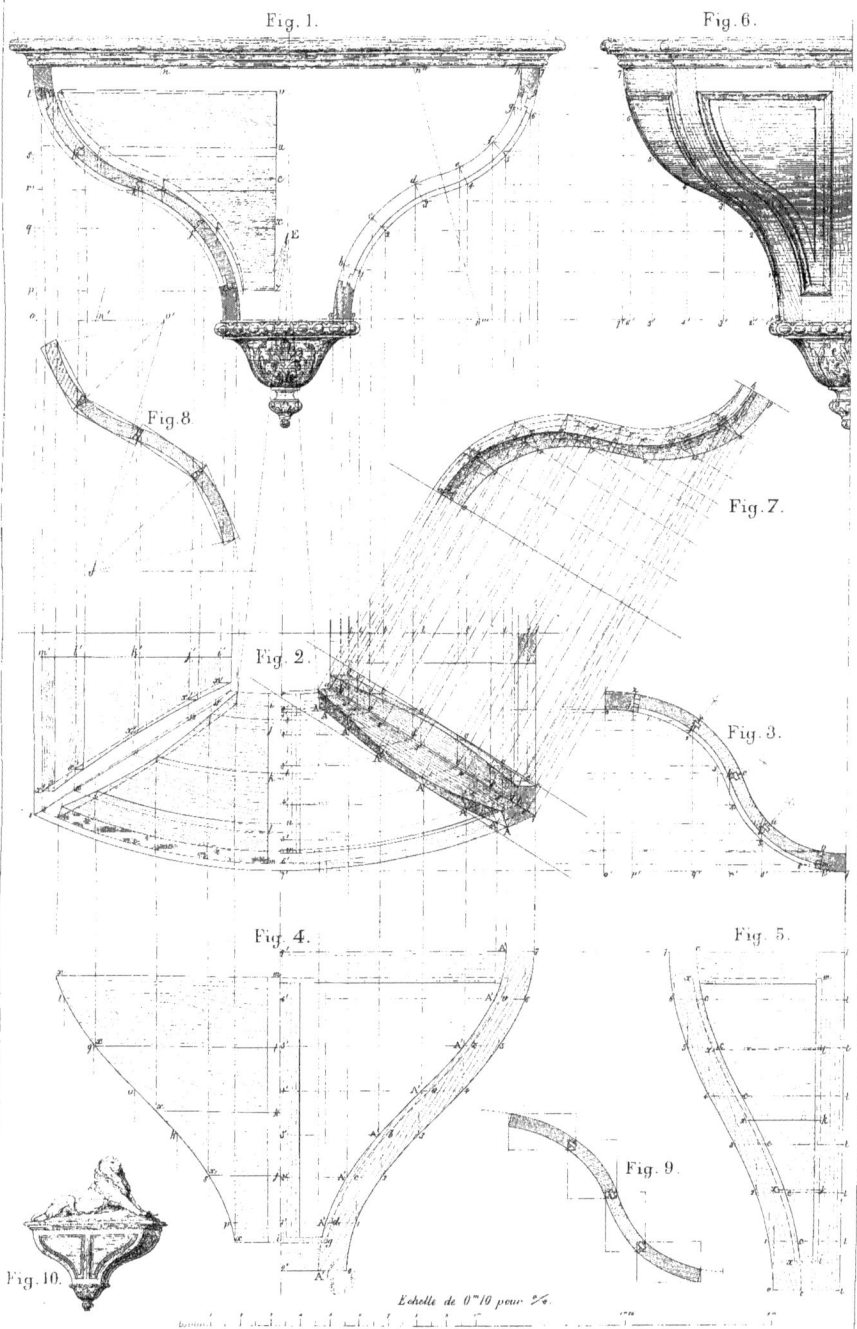

Echelle de 0″10 pour 2/6.

L. Jamin, del.   L. Courtier, 43, rue de Dunkerque, Paris.   A. Stutige, sc.

ELÉVATION, COUPES, PLANS, DÉVELOPPEMENT ET PROJECTION DES ARÊTIERS D'UN CUL-DE-LAMPE
SUR UN PLAN MIXTILIGNE

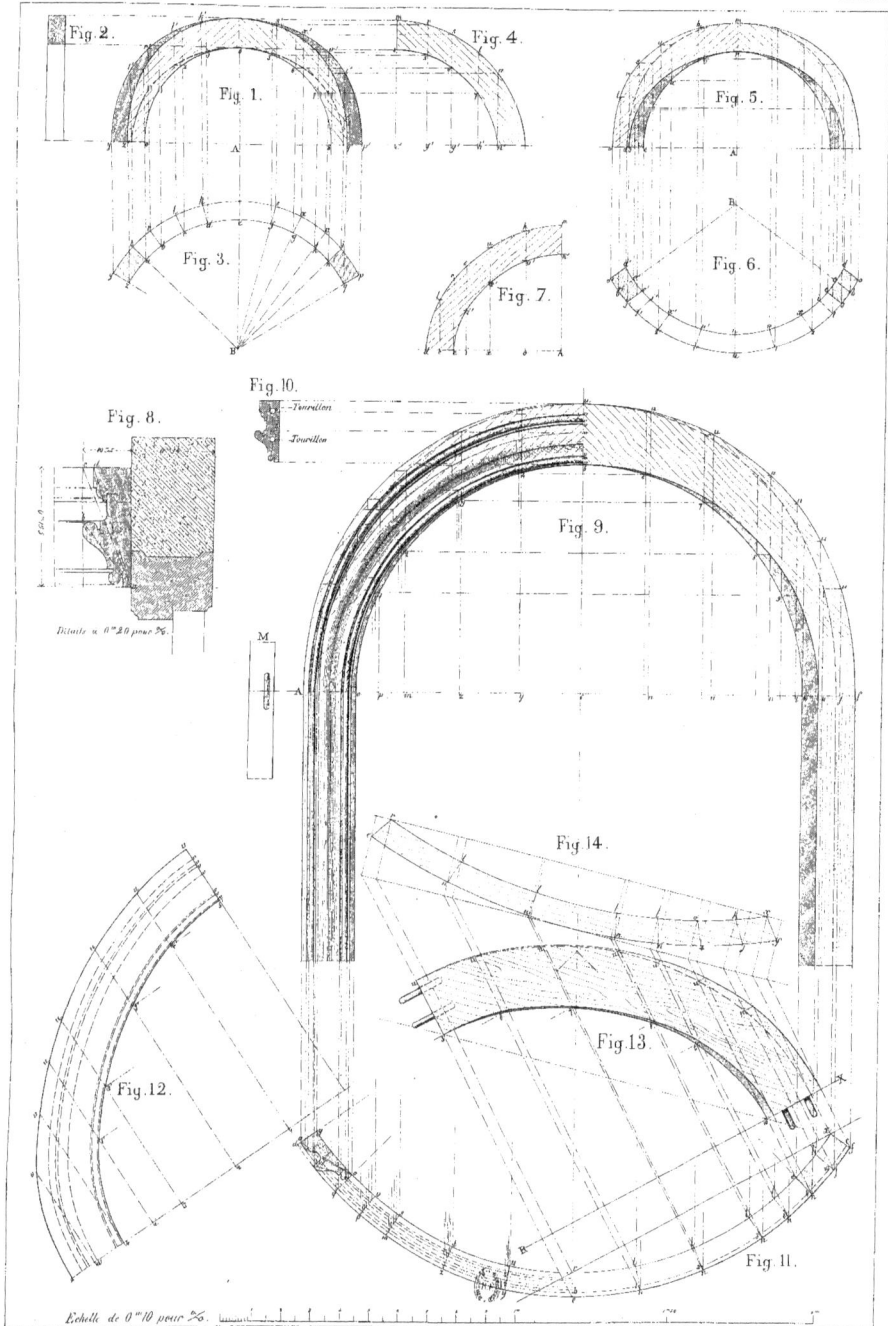

Fig. 2.

Fig. 1.

Fig. 4.

Fig. 5.

Fig. 3.

Fig. 7.

Fig. 6.

Fig. 8.

Fig. 10.

Détail à 0ᵐ20 pour 36.

Fig. 9.

M

Fig. 14.

Fig. 12.

Fig. 13.

Fig. 11.

Échelle de 0ᵐ10 pour 36.

L. Jamin, del.

L. Courtier, 43, rue de Rochereuve, Paris.

A. Stuttge, sc.

COURBES CINTRÉES EN PLAN ET EN ÉLÉVATION DE LEUR APPLICATION AUX CHAMBRANLES.

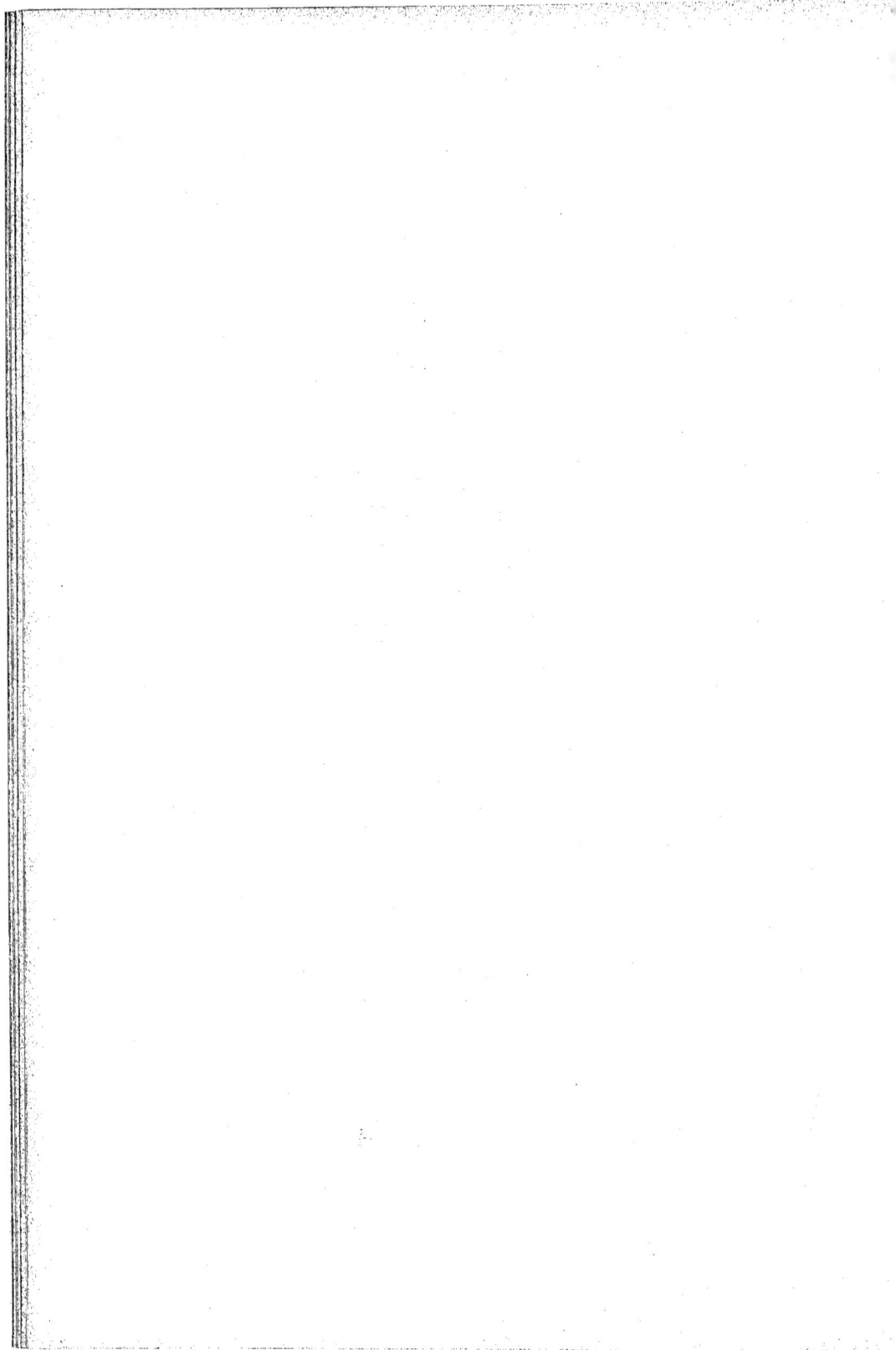

Fig. 2.

Fig. 4.

Fig. 3.

C

Fig. 11.

Fig.13.

Échelle de 0"030 pour ½
pour les figures 11, 12 et 13.

Fig. 12.

Fig. 1.

Fig. 7.

Fig. 10.

Fig. 8.

Fig. 5.

Fig. 6.

Fig. 9.

Échelle de 0"20 pour ½

L. Jamin, del.

I. Cantal, 43, rue de Dunkerque, Paris.

A. Sturtgé, sc.

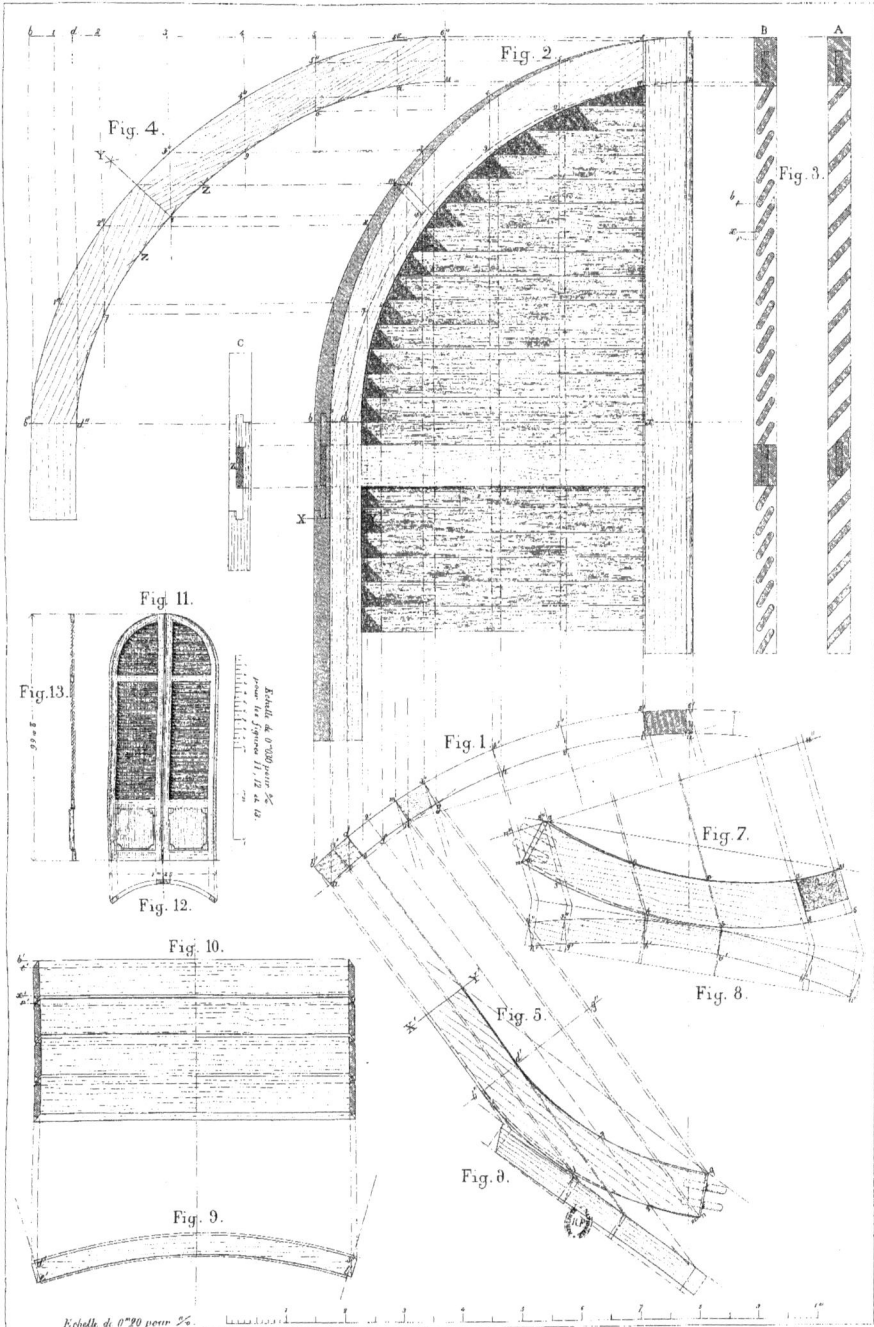

PERSIENNE AMÉRICAINE CINTRÉE EN PLAN ET EN ÉLÉVATION.

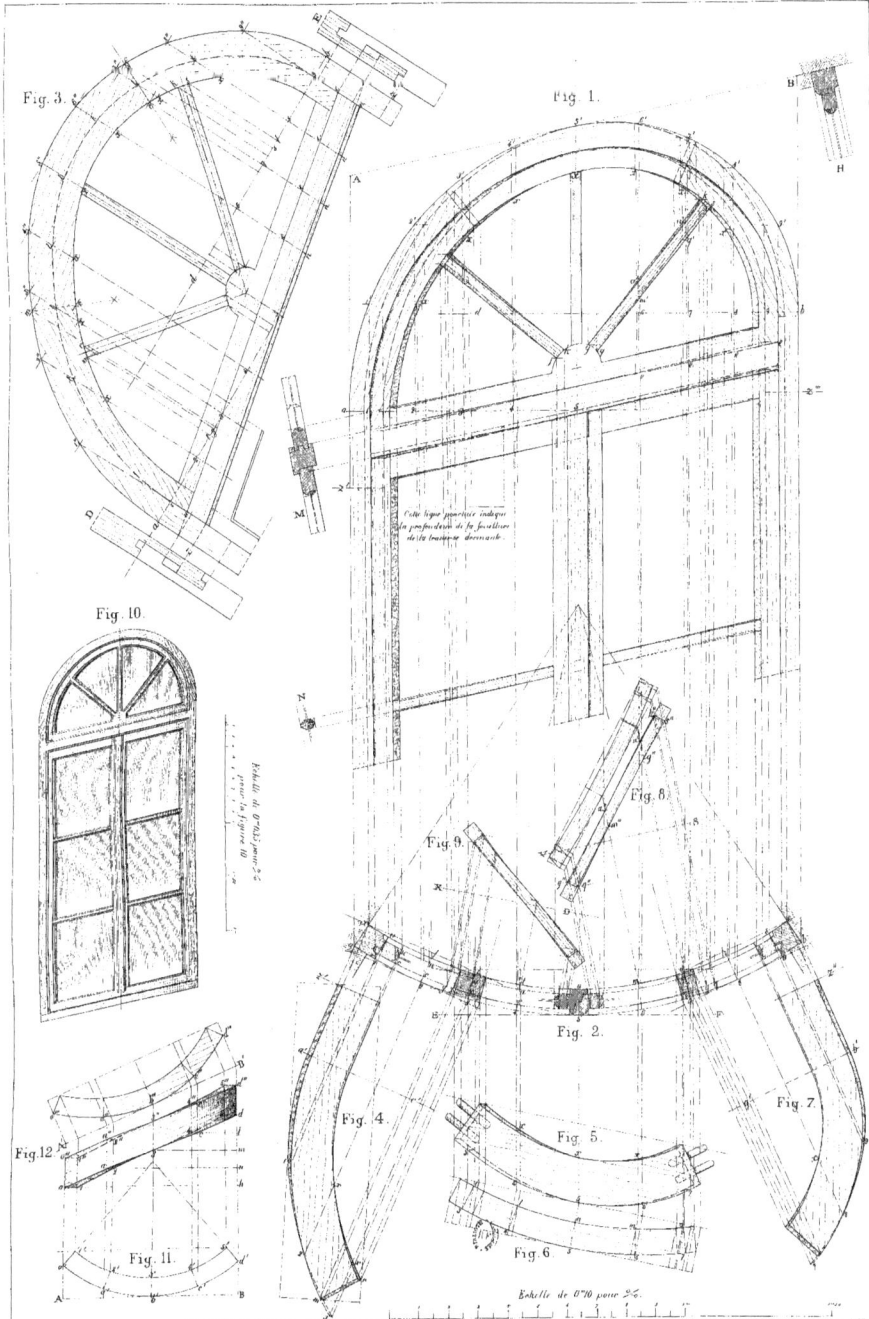

Fig. 3.

Fig. 1.

Fig. 10.

Fig. 8.

Fig. 9.

Fig. 2.

Fig. 4.

Fig. 5.

Fig. 6.

Fig. 7.

Fig. 12.

Fig. 11.

Echelle de 0^m10 pour 2^m.

L. Jamin, del.

L. Courtier, 42, rue de Ducaïeune, Paris

A. Stultig., sc.

CROISÉE RAMPANTE CINTRÉE EN PLAN ET EN ÉLÉVATION

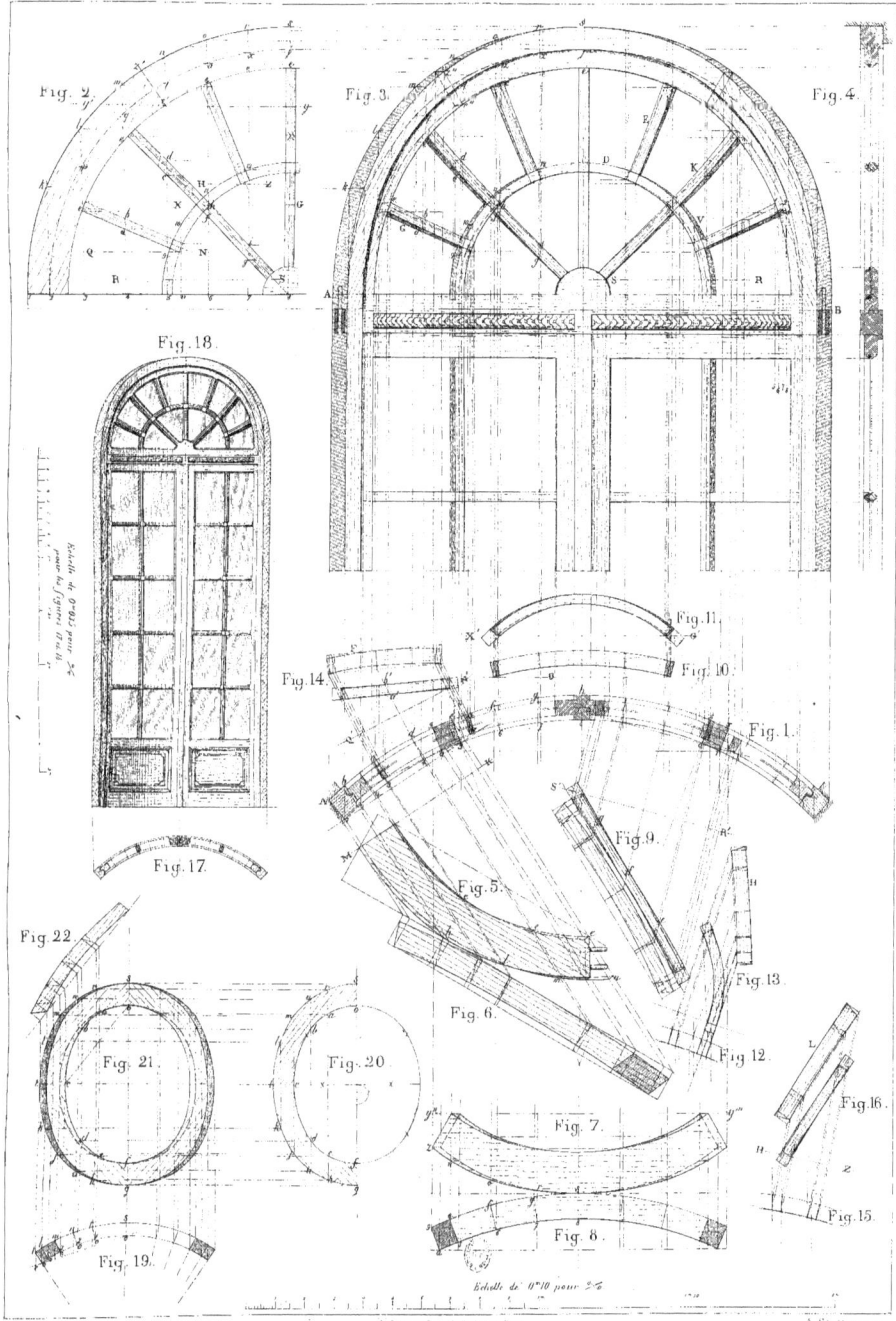

Fig. 2. Fig. 3. Fig. 4. Fig. 18. Fig. 11. Fig. 14. Fig. 10. Fig. 1. Fig. 17. Fig. 9. Fig. 22. Fig. 13. Fig. 5. Fig. 21. Fig. 20. Fig. 6. Fig. 12. Fig. 7. Fig. 16. Fig. 19. Fig. 8. Fig. 15.

Echelle de 0,10 pour 2/5

CROISÉE ET OVALE CINTRES EN PLAN ET EN ÉLÉVATION.

Pl. 154-155.

Fig. 20.

Fig. 21.

Fig. 18.

Fig. 19.

Fig. 17.

Fig. 16.

Fig. 15.

Fig. 4.

Fig. 3.

Coupe suivant A B.

Fig. 2.

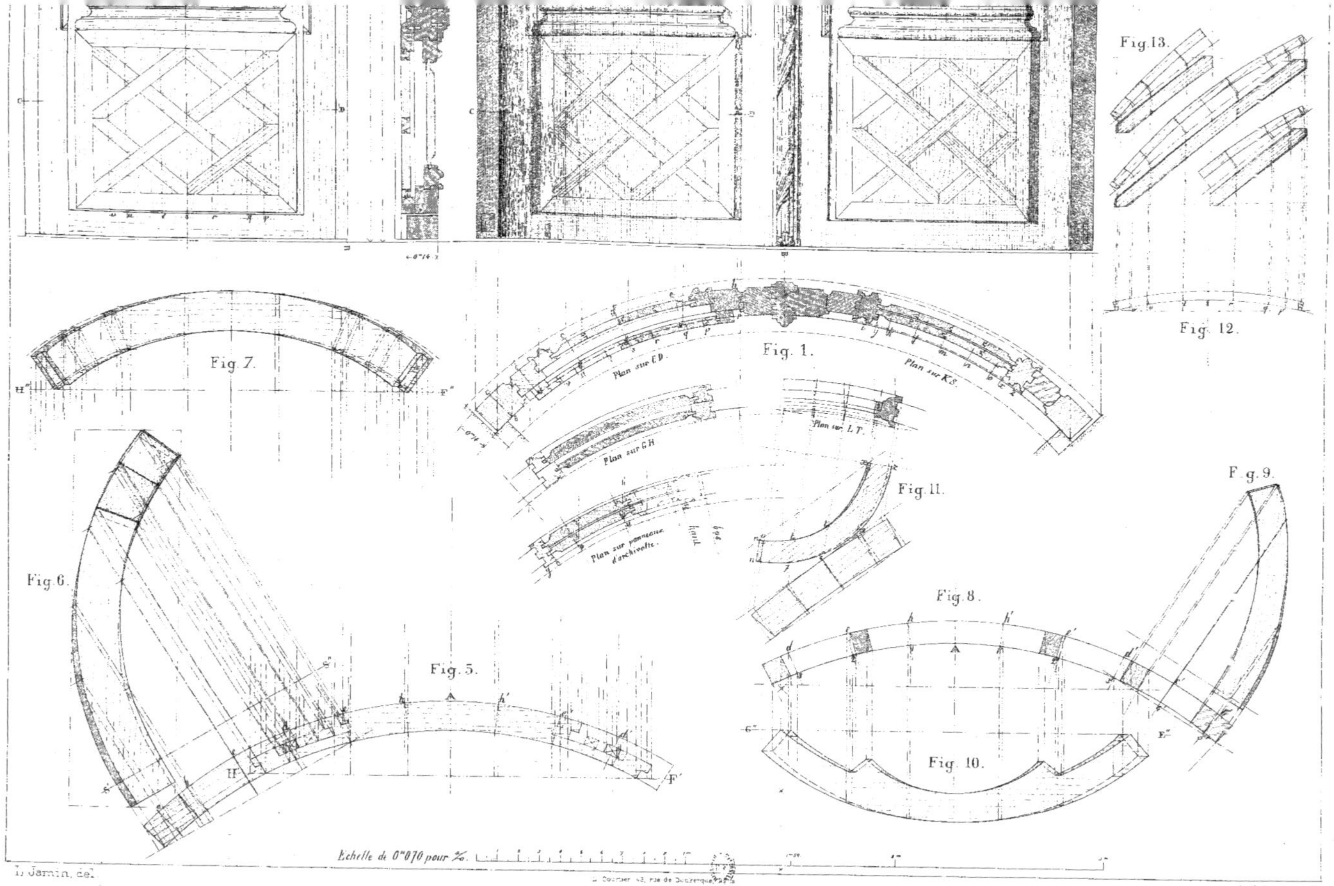

Fig.13

Fig 12

Fig 9

Fig 1.

Fig 11.

Fig 8.

Fig 10.

Fig 5.

Fig 7

Fig 6.

Plan sur KS.

Plan sur CD.

Plan sur EM.

Plan sur LT.

Plan sur ouverture

Plan d'enchevestre

bas
haut

Échelle de 0.010 pour ℳ

PORTE COCHÈRE CINTRÉE EN PLAN ET EN ÉLÉVATION

À Auligné

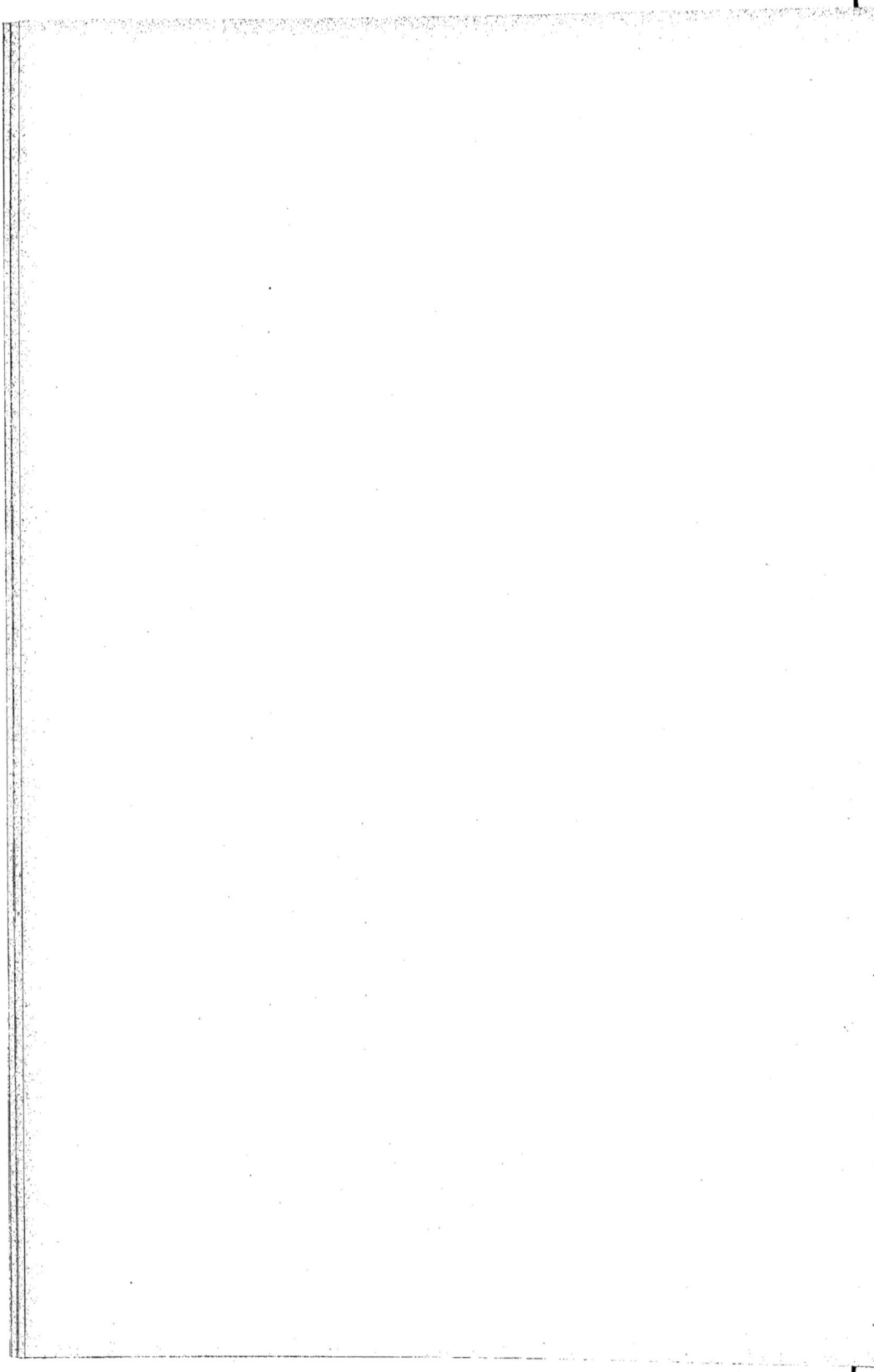

Fig. 1.

Fig. 2.

Fig. 3.

Fig. 4.

Fig. 5.

Fig. 6.

Fig. 7.

Fig. 8.

Fig. 9.

Fig. 10.

Fig. 11.

Fig. 12.

Fig. 13.

Fig. 14.

Fig. 15.

Fig. 16.

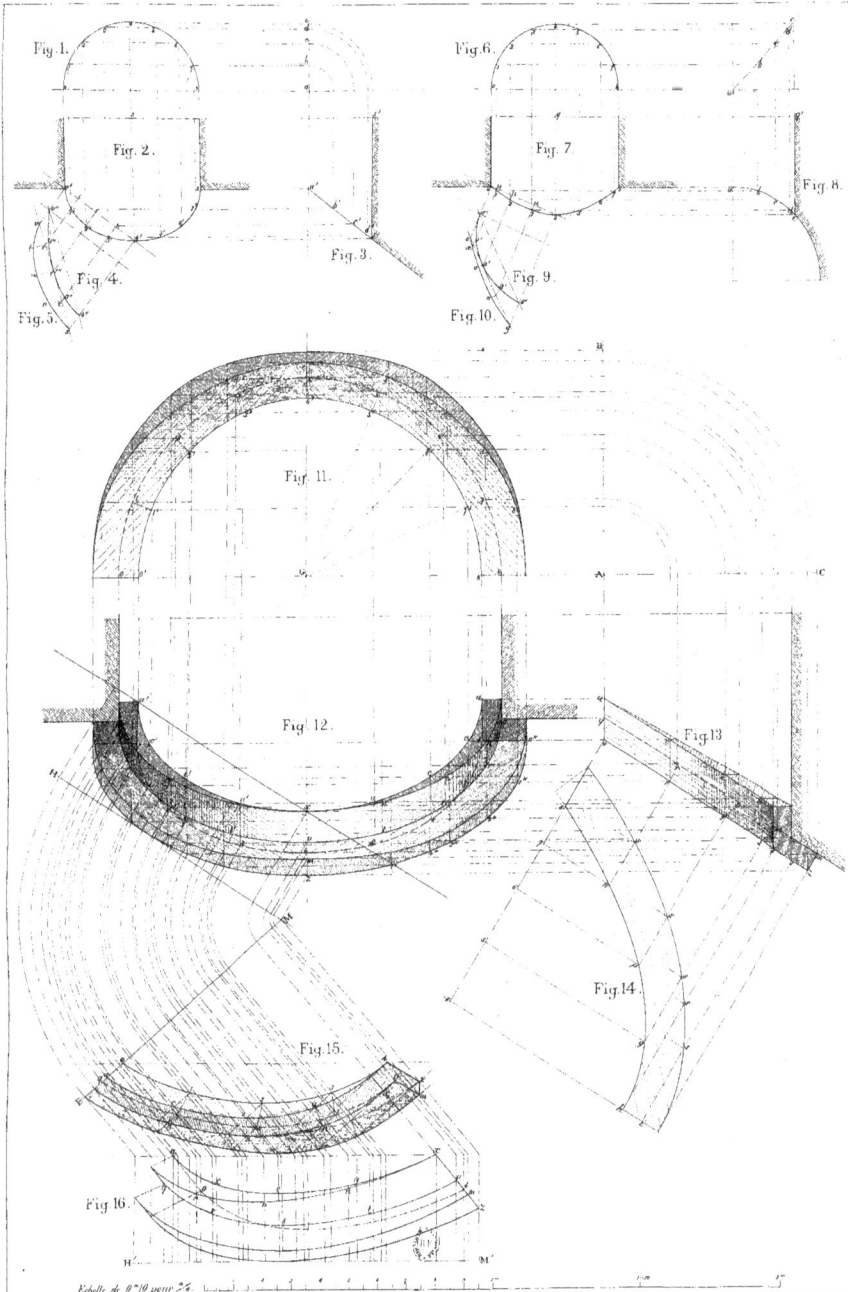

Echelle de 0ᵐ10 pour 2ᵐ

L. Jamin, del.

A. Stiage, sc.

COURBES DE PÉNÉTRATION SUR UN PLAN A ANGLE DROIT ET FORMANT LUNETTE
DANS UNE PARTIE INCLINÉE.

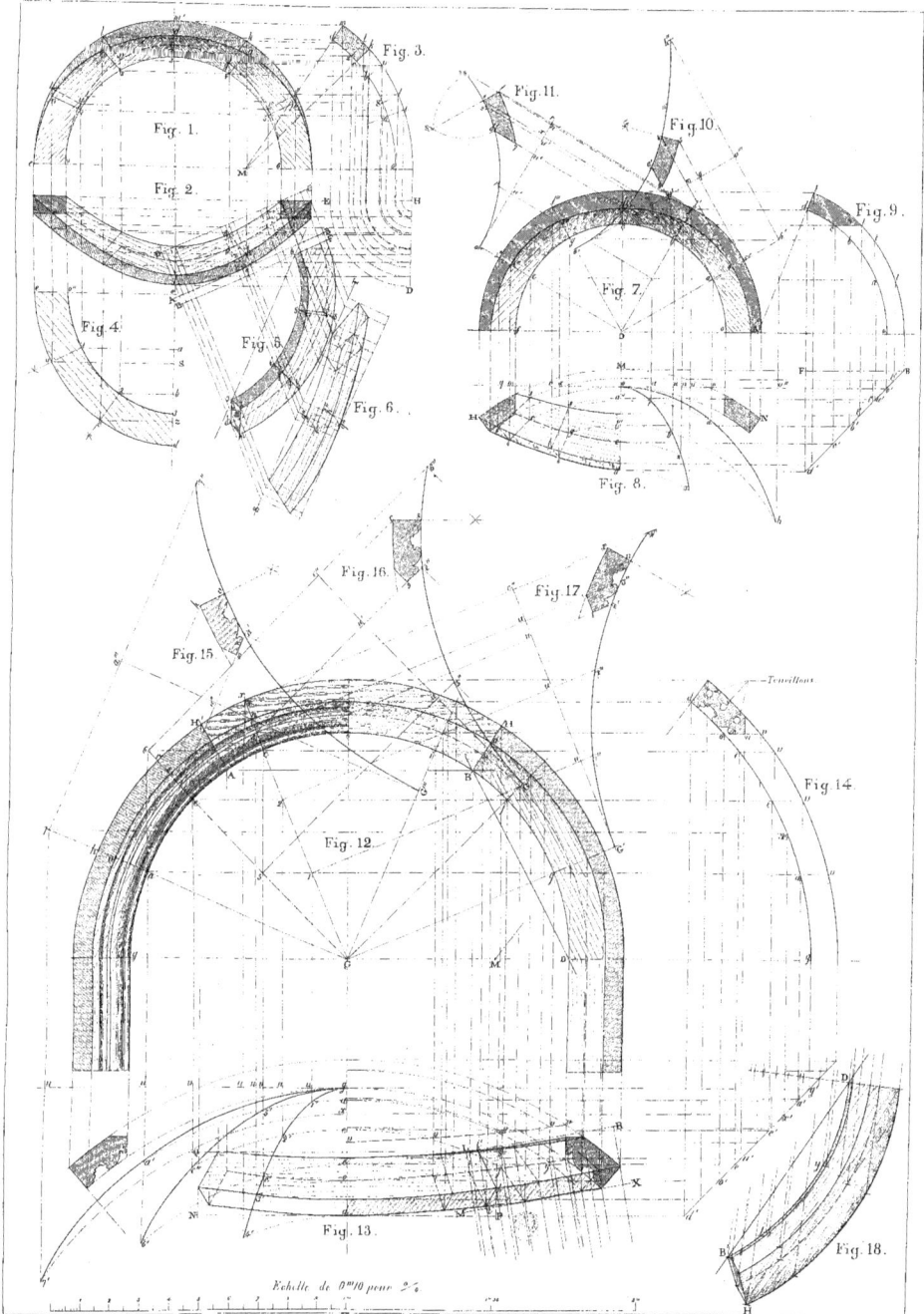

Fig. 1.

Fig. 2.

Fig. 3.

Fig. 4.

Fig. 5.

Fig. 6.

Fig. 7.

Fig. 8.

Fig. 9.

Fig. 10.

Fig. 11.

Fig. 12.

Fig. 13.

Fig. 14.

Fig. 15.

Fig. 16.

Fig. 17.

Fig. 18.

Échelle de 0ᵐ10 pour 2⁴ₐ

L. Jamin, del.   L. Gauvier, 45, rue de Dunkerque, Paris   A. Stuttgé, sc.

COURBES DE PÉNÉTRATION FORMANT LUNETTE DE LEUR PROJECTION ET DE LEUR APPLICATION
AUX ARCHIVOLTES DE CHAMBRANLES DANS DES VOÛTES CYLINDRIQUES ET SPHÉRIQUES.

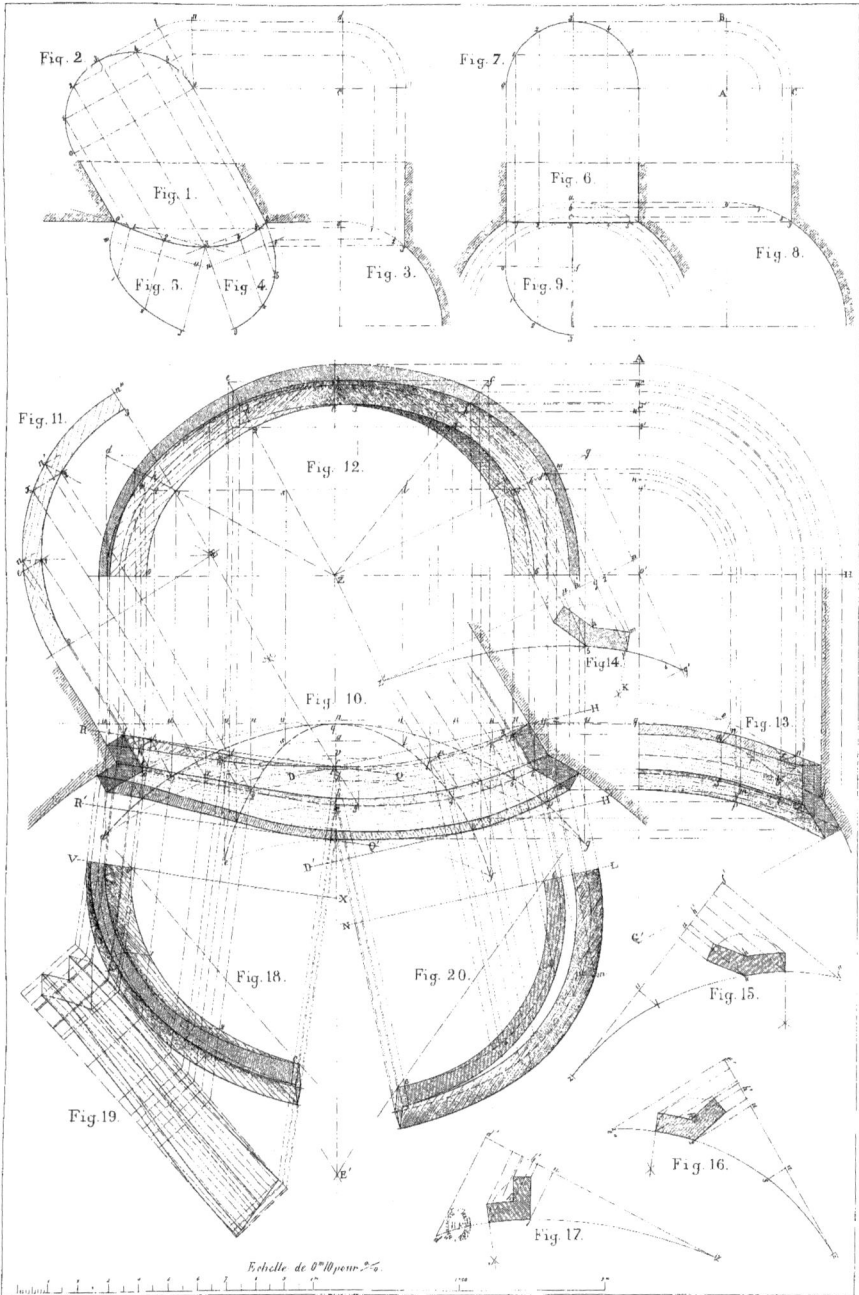

L. Jamin, del.　　　L. Courtier, 49, rue de Dunkerque, Paris.　　　A. Stuttgé, sc.

COURBE DE PÉNÉTRATION, SUR UN PLAN OBLIQUE, D'UNE VOÛTE CYLINDRIQUE
DANS UNE VOÛTE SPHÉRIQUE ET FORMANT LUNETTE.

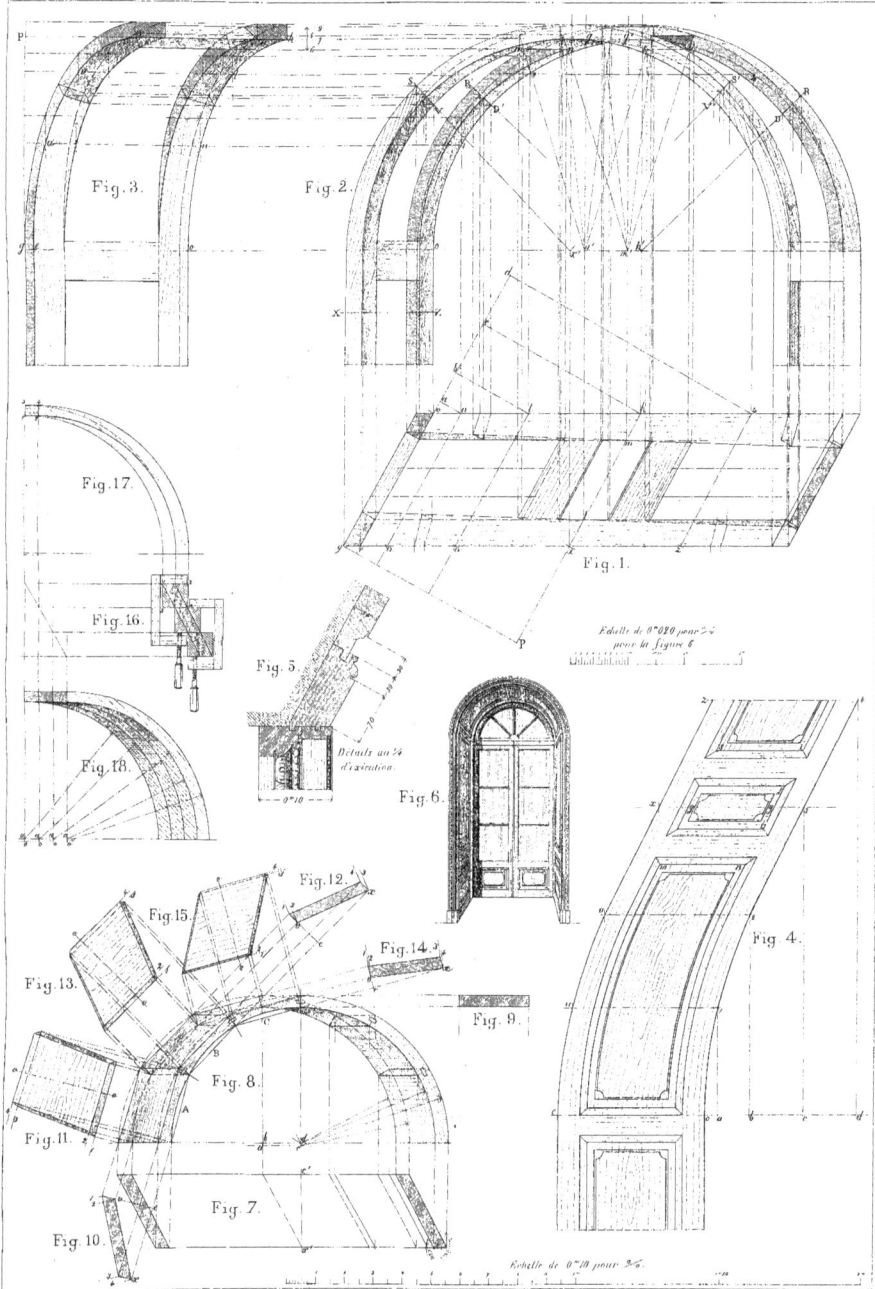

Fig. 3.

Fig. 2.

Fig. 17.

Fig. 16.

Fig. 18.

Fig. 5.

Fig. 1.

Echelle de 0m020 pour 2/3
pour la figure 6

Fig. 6.

Détails au 3/4
d'exécution.

0m10

Fig. 4.

Fig. 12.

Fig. 15.

Fig. 14.

Fig. 13.

Fig. 9.

Fig. 8.

Fig. 11.

Fig. 7.

Fig. 10.

Echelle de 0m10 pour 2/3.

L. Jamin, del.   L. Dourdan, 43, rue de Dunkerque, Paris.   A. Stuttgé, sc.

ARRIÈRE-VOUSSURE FORMANT PLAFOND D'ÉBRASEMENT, SUR UN PLAN BIAIS
MANIÈRE DE COLLER LES COURBES DES VOUSSURES PLEINES.

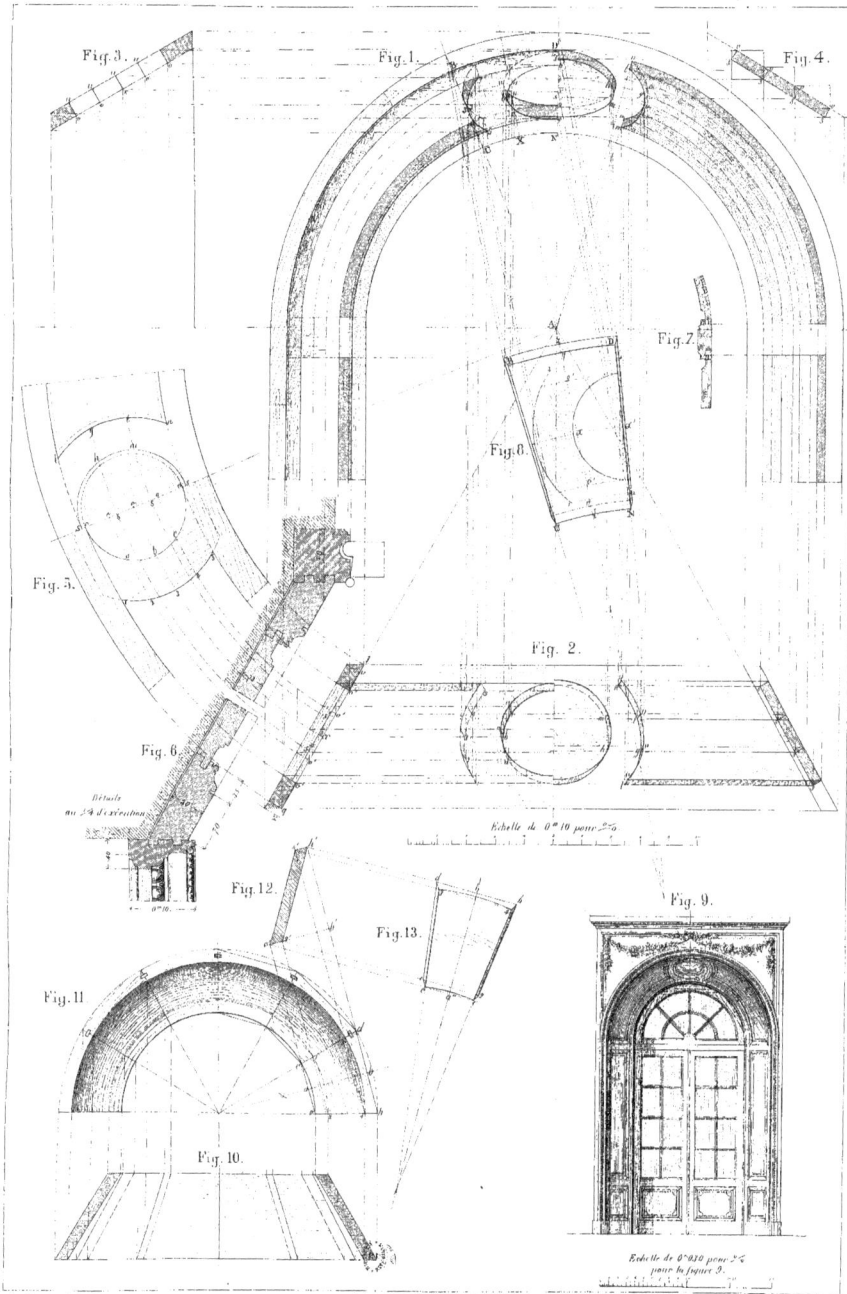

Fig. 3.

Fig. 1.

Fig. 4.

Fig. 7.

Fig. 8.

Fig. 5.

Fig. 6.

Détails
au 1/4 d'exécution

Fig. 2.

Échelle de 0m 10 pour 2m0

Fig. 12.

Fig. 13.

Fig. 9.

Fig. 11.

Fig. 10.

Échelle de 0m 050 pour 2m0
pour la figure 9.

I. Canon, del.

L. Courtier, 43, rue de Dunkerque, Paris

A. Stuttgé, sc.

ARRIERE-VOUSSURES EN ARCHIVOLTE D'ASSEMBLAGE ET PAR CLAVEAUX

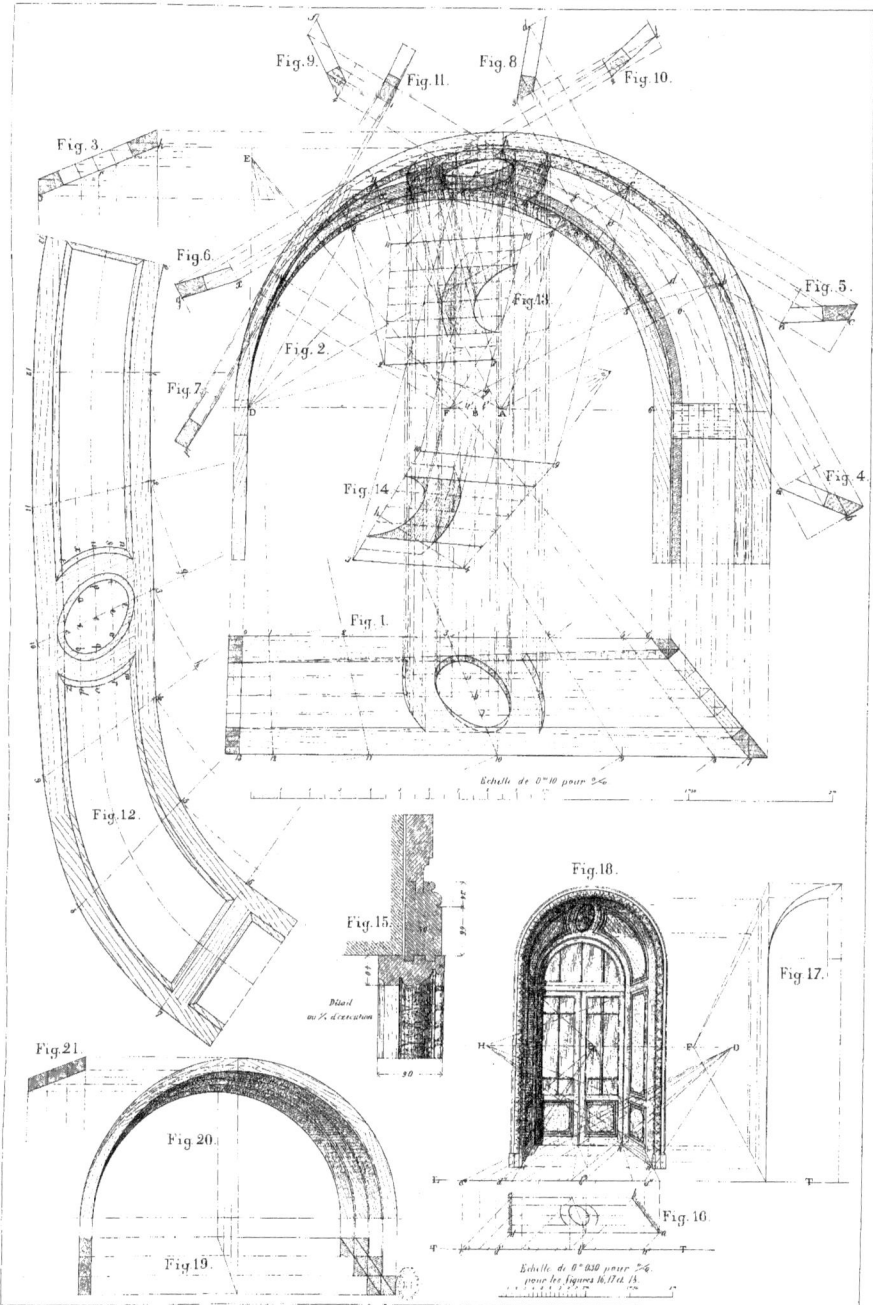

Fig.9.   Fig.11.   Fig.8.   Fig.10.

Fig.3.

Fig.6.   Fig.5.

Fig.2.   Fig.13

Fig.7.   Fig.4.

Fig.14

Fig.1.

Echelle de 0^m10 pour 2^m

Fig.12.

Fig.18.

Fig.15.

Fig.17.

Biais
au ½ d'exécution

Fig.21.

Fig.20.

Fig.19.   Fig.16.

Echelle de 0^m030 pour 2^m
pour les figures 16,17 et 18.

L.Jamin, del.   L. Gautier, 13, rue de Dunkerque, Paris.   A.Stuttge, sc.

ARRIÈRE-VOUSSURE EN CORNE DE BŒUF D'ASSEMBLAGE.

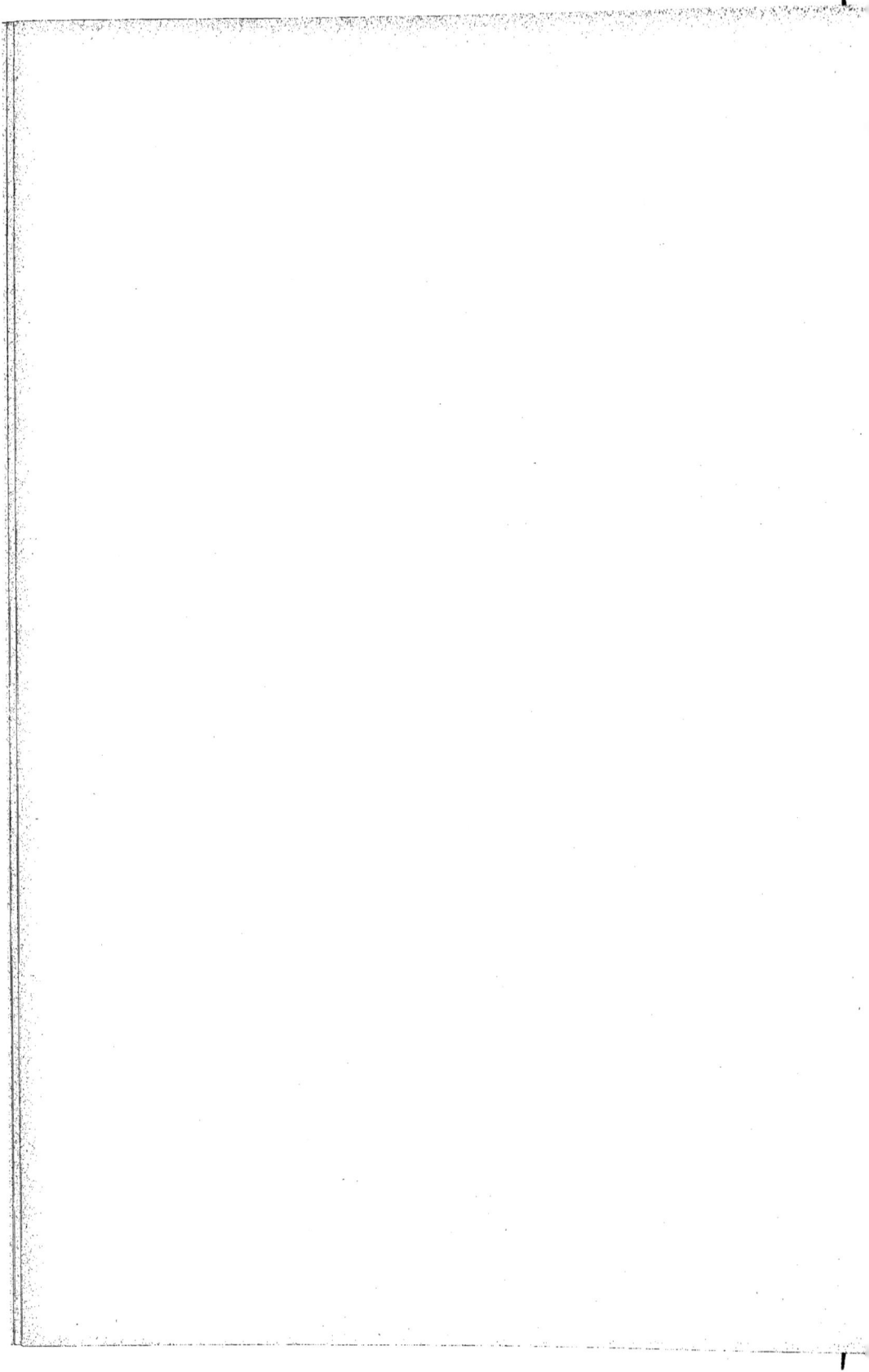

Fig. 6.

Fig. 4.

Fig. 2.

Fig. 3.

Fig. 5.

Fig. 11.

Fig. 9.

Fig. 10.

Fig. 8.

Fig 7.

Fig. 1.

Échelle de 0ᵐ10 pour ⅖.

Fig. 12.

Fig. 13.

Fig. 16.

Fig. 17.

Fig. 15.

Fig. 14.

Fig. 20.

Fig. 19.

Fig. 18.

Détails au 2/4 d'exécution

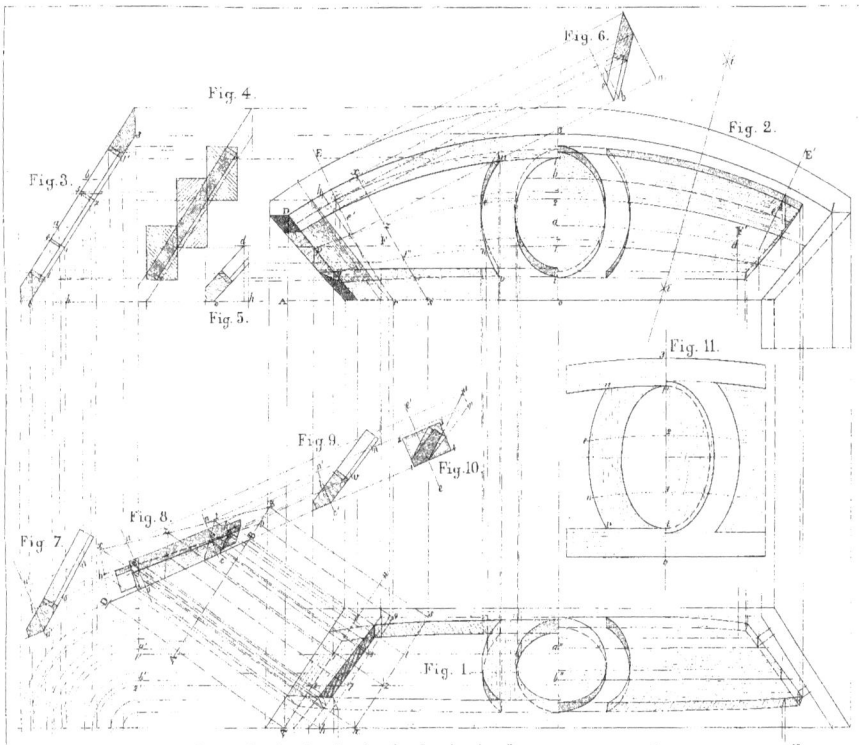

Échelle de 0ᵐ050 pour ⅖ pour la figure 12

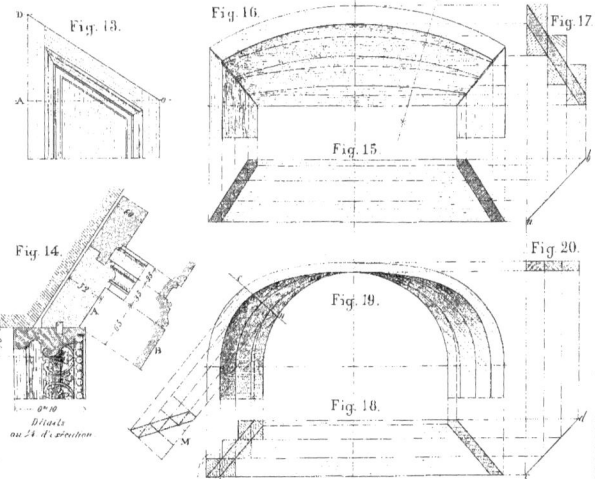

Échelle de 0ᵐ050 pour ⅖ pour les figures 13,16,17,18,19 et 20

L. Janin, del.   L. Courtier, 42, rue de Dunkerque, Paris   A. Stultgs, sc.

ARRIÈRE-VOUSSURE D'ASSEMBLAGE, IMITANT CELLE DE SAINT-ANTOINE.

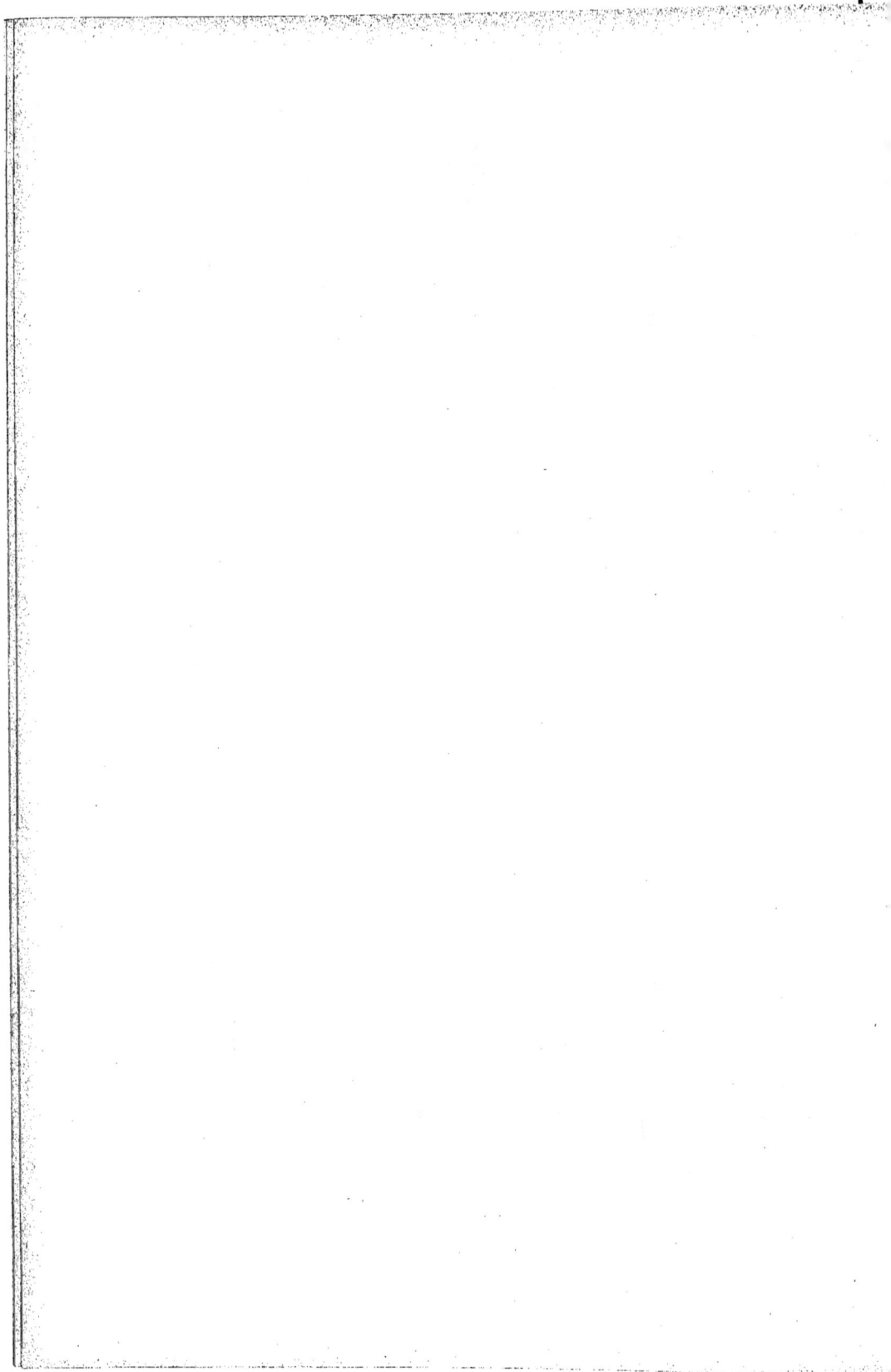

Pl 163

L'ENSEIGNEMENT PROFESSIONNEL DU MENUISIER

Fig. 9.

Fig. 7.

Fig. 6.

Fig. 8

Fig. 2.

Fig. 1.

Fig. 12.

Fig. 4.

Fig. 5.

Fig 13

Fig. 3.

Fig. 11.

Fig.10.

Fig. 14.

Échelle de 0ᵐ020 pour ½
pour la figure 14.

Échelle de 0ᵐ10 pour ⅒

À suivre n⁰4

APPROFONDISSURE D'ASSEMBLAGE D'UNE ARÊTE DE BOIS PASSANT CONTRE-PARTIE DE CELLE DE MARSEILLE

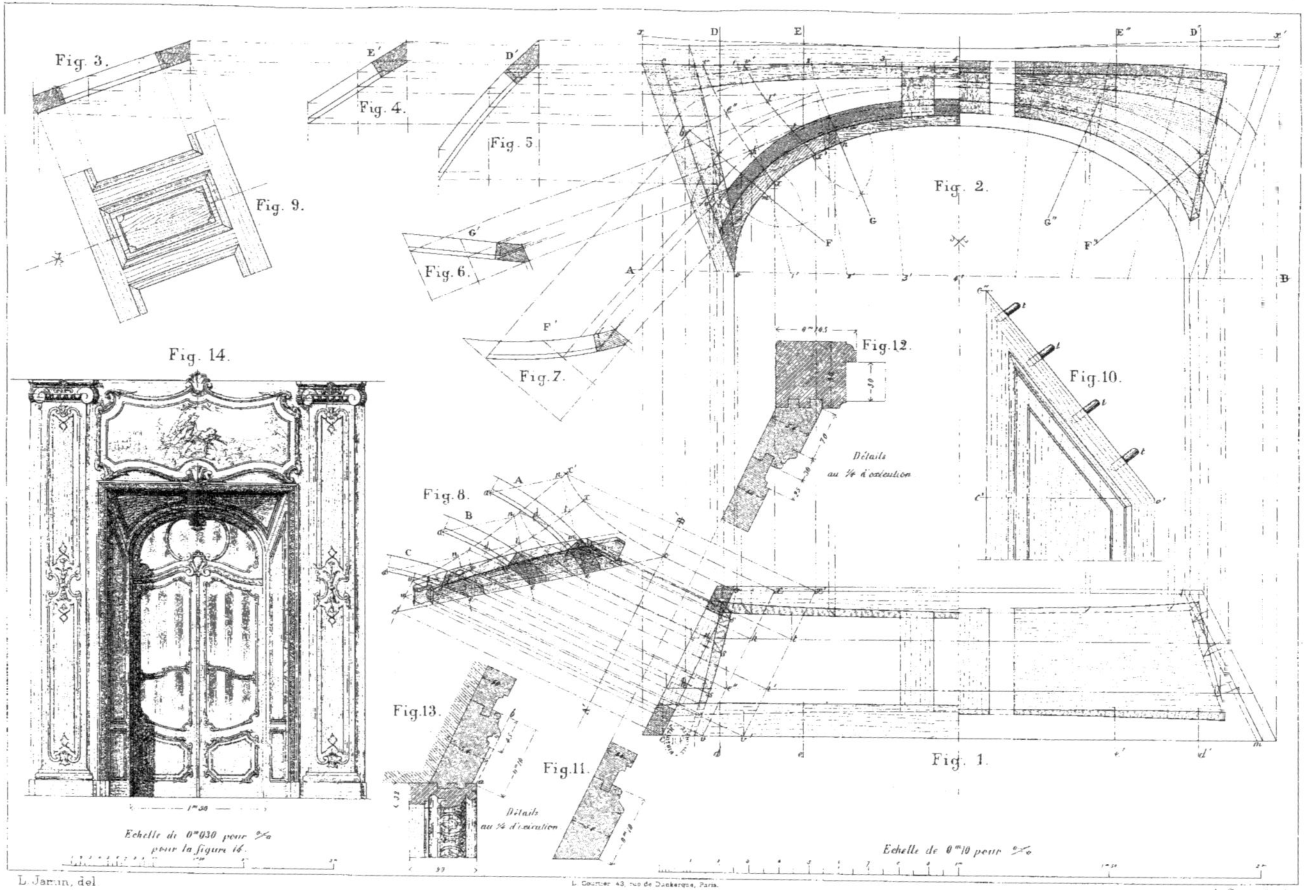

Fig. 2.

Fig. 10.

Fig. 1.

Fig. 12.

Détails
au 1/4 d'exécution

Fig. 5

Fig. 6

Fig. 7

Fig. 4

Fig. 8.

Fig. 11.

Fig. 13

Fig. 3.

Fig. 9.

Fig. 14.

Détails
au 1/4 d'exécution

Echelle de 0ᵐ10 pour 1/10

Echelle de 0ᵐ,030 pour 1/10
pour la figure 14

L. Jarin. del

L. Courtier 43 rue de Dunkerque, Paris

A. Stuttgé. sc.

ARRIÈRE-VOUSSURE DE MONTPELLIER D'ASSEMBLAGE

Pl. 165

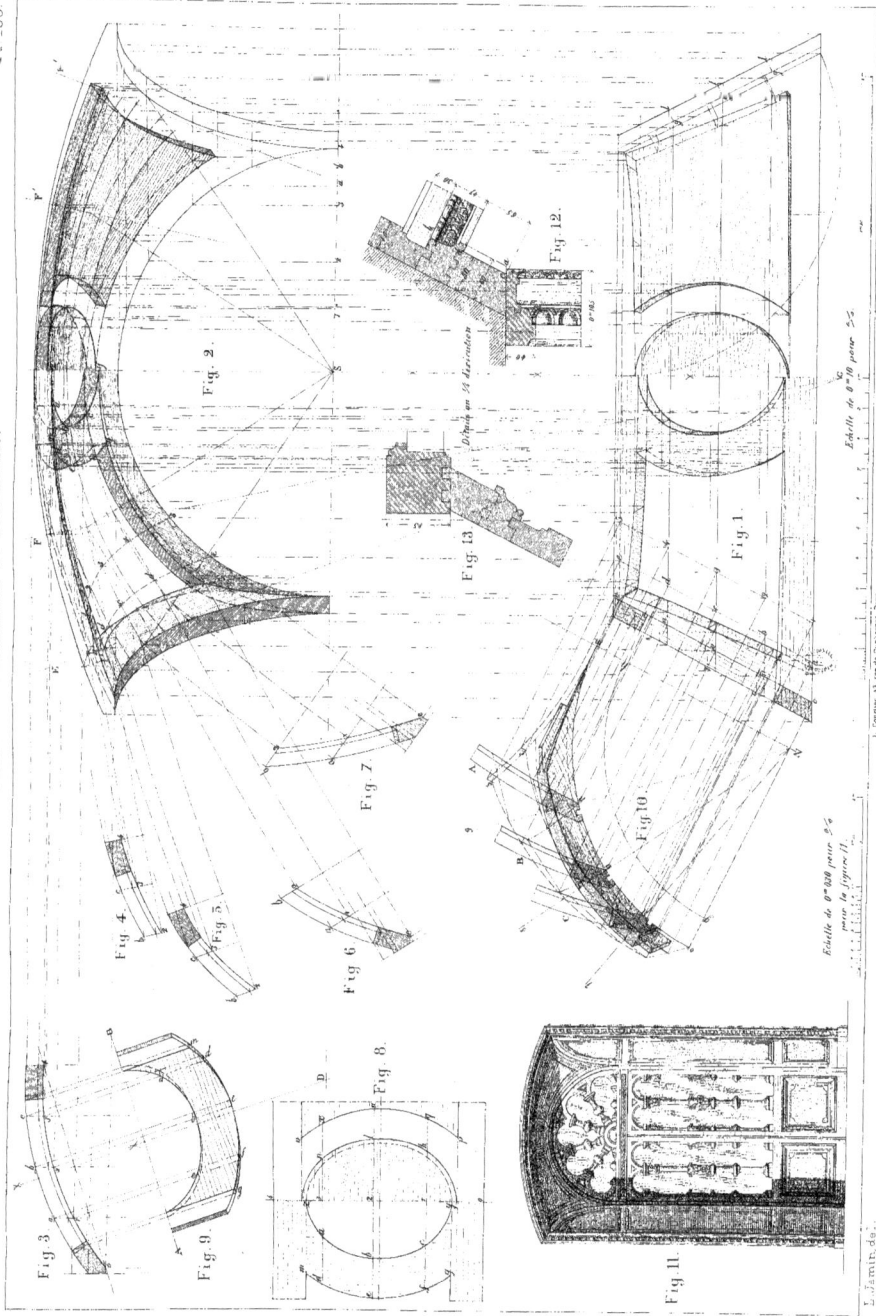

Fig. 1
Fig. 2
Fig. 3
Fig. 4
Fig. 5
Fig. 6
Fig. 7
Fig. 8
Fig. 9
Fig. 10
Fig. 11
Fig. 12
Fig. 13

Débit en 14 décimètres

Échelle de 0ᵐ 039 pour ⁵⁄₆
pour la figure 11.

Échelle de 0ᵐ 018 pour ⁵⁄₆

Échelle de 0ᵐ 19 pour ⁵⁄₆

ARRIÈRE-VOUSSURE DE MARSEILLE D'ASSEMBLAGE

L. Jamin del.

L. Courtier, 13, rue de Quatrefages, Paris.

A. St-Aignan sc.

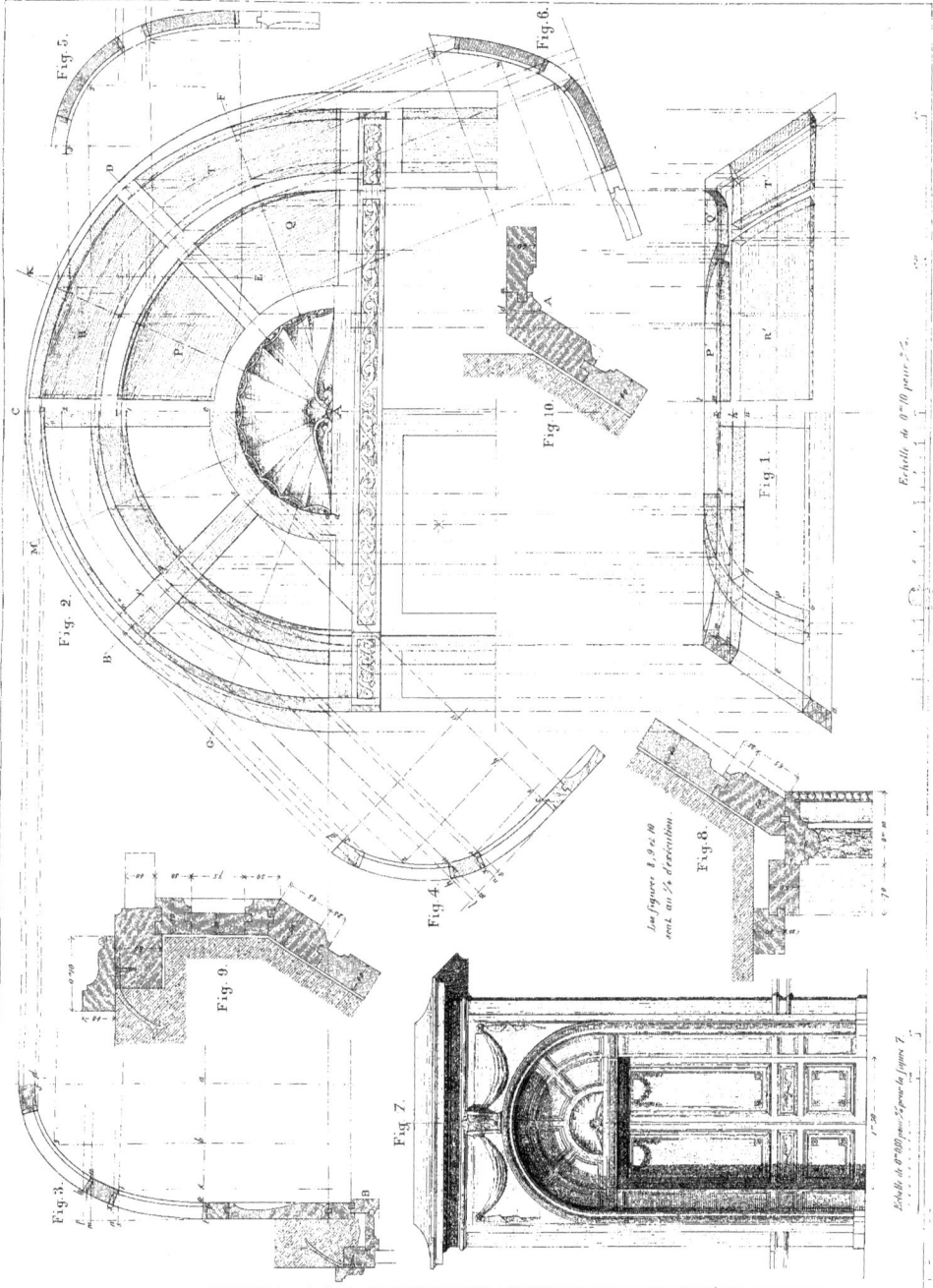

ARRIÈRE VOUSSURE, DITE DE SAINT ANTOINE, D'ASSEMBLAGE

Fig. 5.
Fig. 6.
Fig. 2.
Fig. 1.
Fig. 10
Fig. 4.
Fig. 8.
Fig. 9.
Fig. 3.
Fig. 7.

Les figures 1, 9 et 10
sont au 1/2 d'exécution.

Échelle de 0^m10 pour 1^m.

Échelle de 0^m.001 pour 1^m d'après la figure 7.

Pl 167

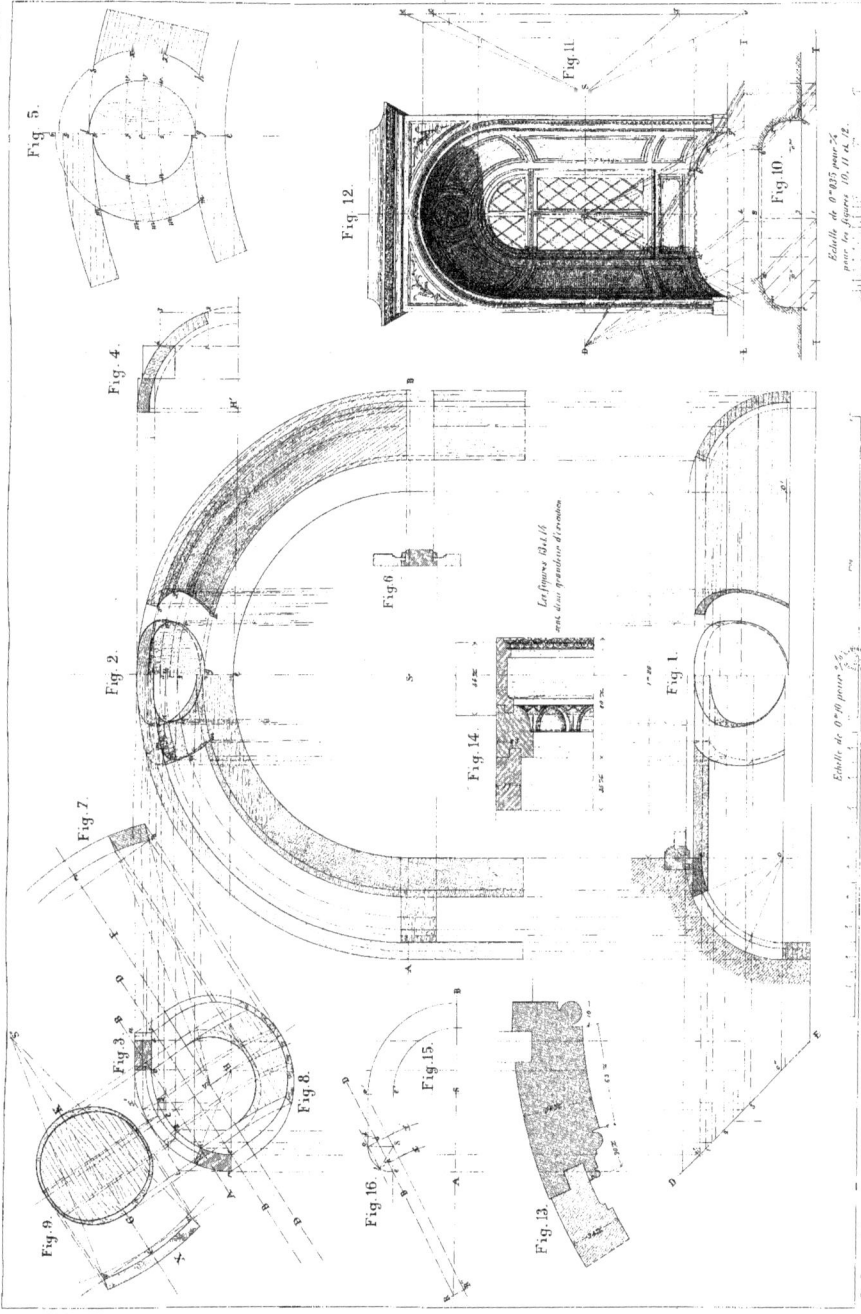

Fig 5.

Fig 12.

Fig 11.

Fig 4.

Fig.10.

Echelle de 0^m035 pour ¾
pour les figures 10, 11 et 12.

Fig 2.

Fig 6.

Les figures 13 et 14
sont deux grandeurs d'execution

Fig 7.

Fig 14.

Fig 1.

Fig 3.

Fig 8.

Fig 15.

Fig 9.

Fig 16.

Fig.13.

Echelle de 0^m04 pour ¼

L. Jarrin del.

ARCHIVOLTE D'UNE ARRIÈRE VOUSSURE D'ASSEMBLAGE EN TUILE CREUSE.

A. Saubée ar.

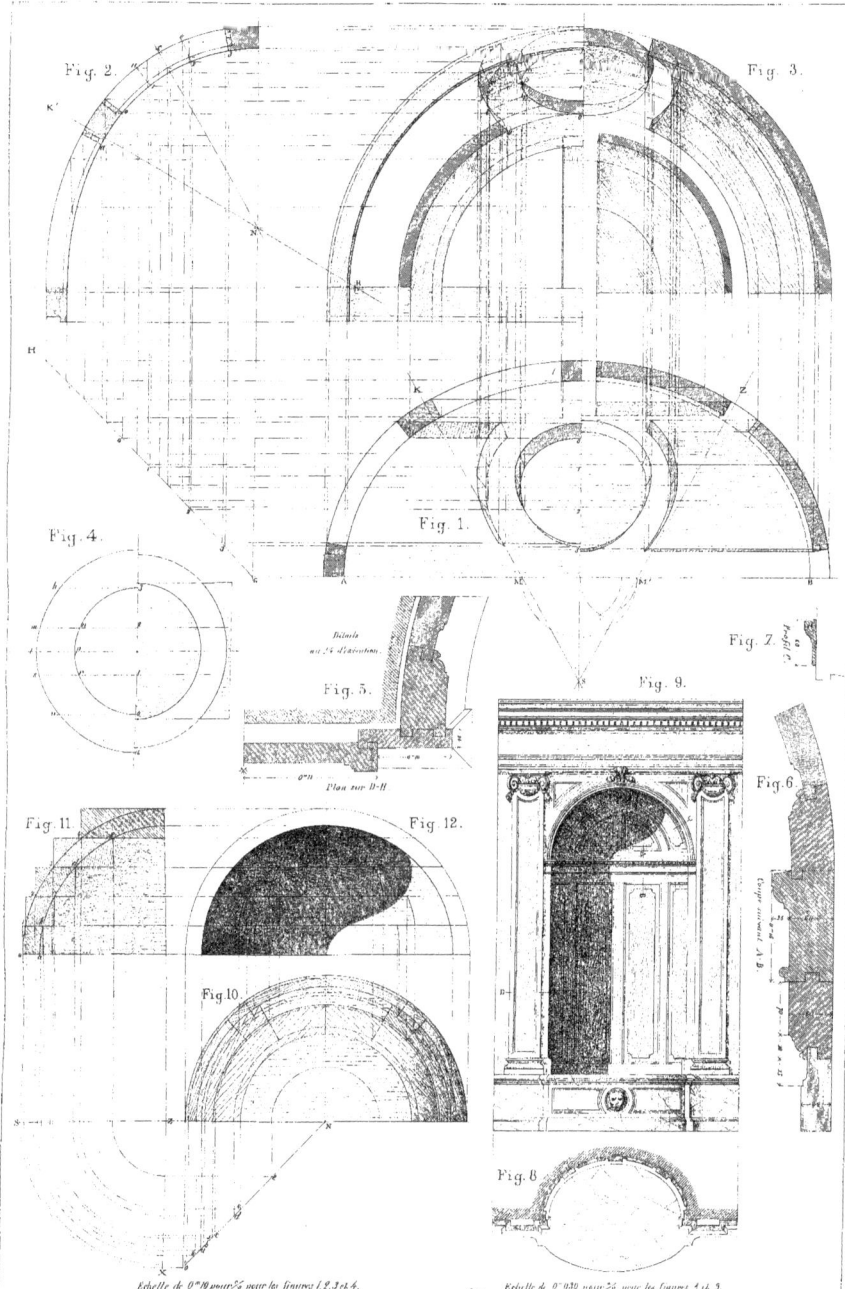

Fig. 2.

Fig. 3.

Fig. 4.

Fig. 1.

Fig. 7.

Fig. 5.

Fig. 9.

Fig. 6.

Fig. 11.

Fig. 12.

Fig. 10.

Fig. 8.

Échelle de 0m.10 pour 56 pour les figures 1, 2, 3 et 4.

Échelle de 0m.030 pour 56 pour les figures 4 et 5.

L. Courtier, 45, rue de Dunkerque, Paris.

A. Stuttgé, sc.

CALOTTE D'ASSEMBLAGE SUR UN PLAN ELLIPTIQUE ET CALOTTE PLEINE PLEIN CINTRE
EN PLAN ET EN ÉLÉVATION.

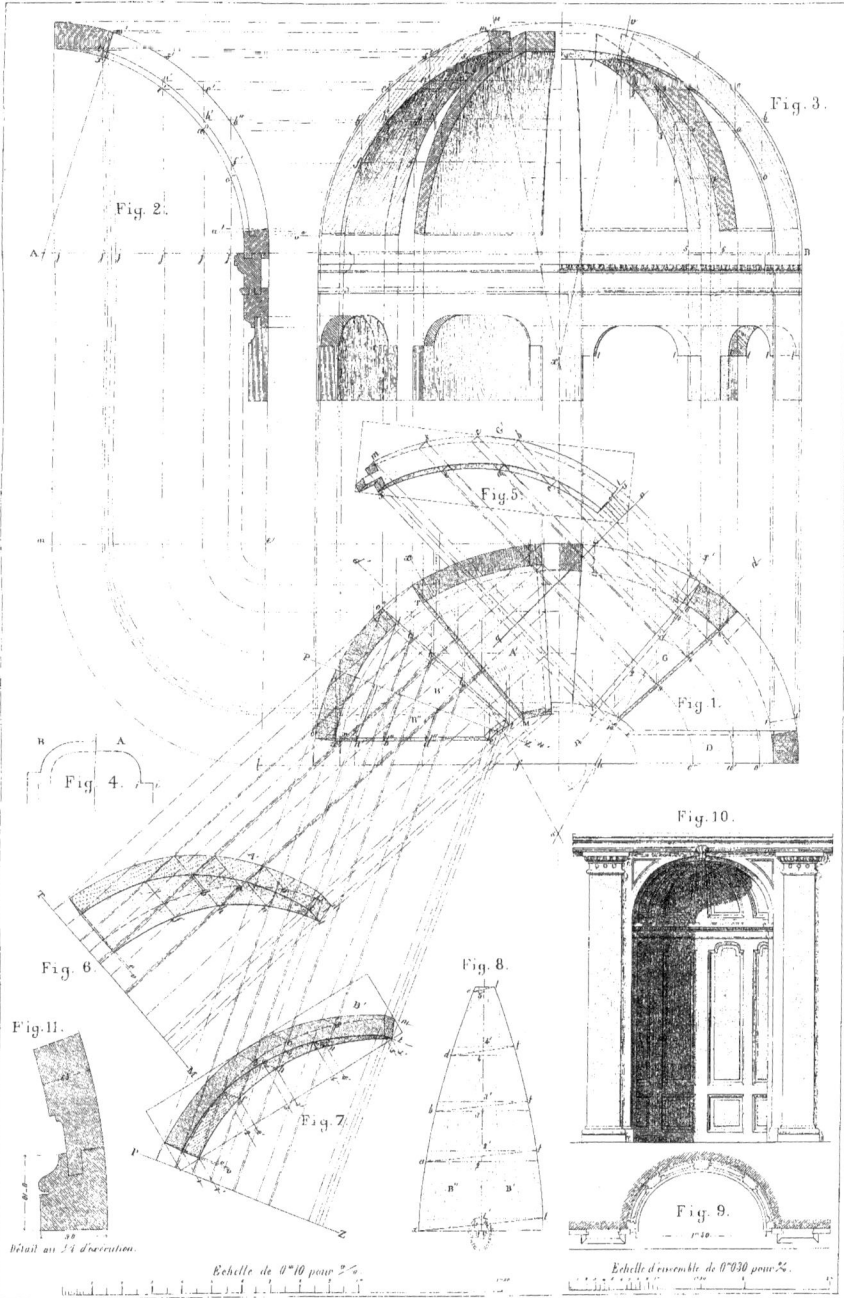

Fig. 3.

Fig. 2.

Fig. 5.

Fig. 1.

Fig. 4.

Fig. 10.

Fig. 6.

Fig. 11.

Fig. 8.

Fig. 7.

Fig. 9.

Détail au 1/4 d'exécution.

Echelle de 0m10 pour 2%.

Echelle d'ensemble de 0m030 pour 2%.

L. Courtier, 49, rue de Dunkerque, Paris.

L. Jamin, del.

A. Stiltge, sc.

CALOTTE D'ASSEMBLAGE SUR UN PLAN ELLIPTIQUE.

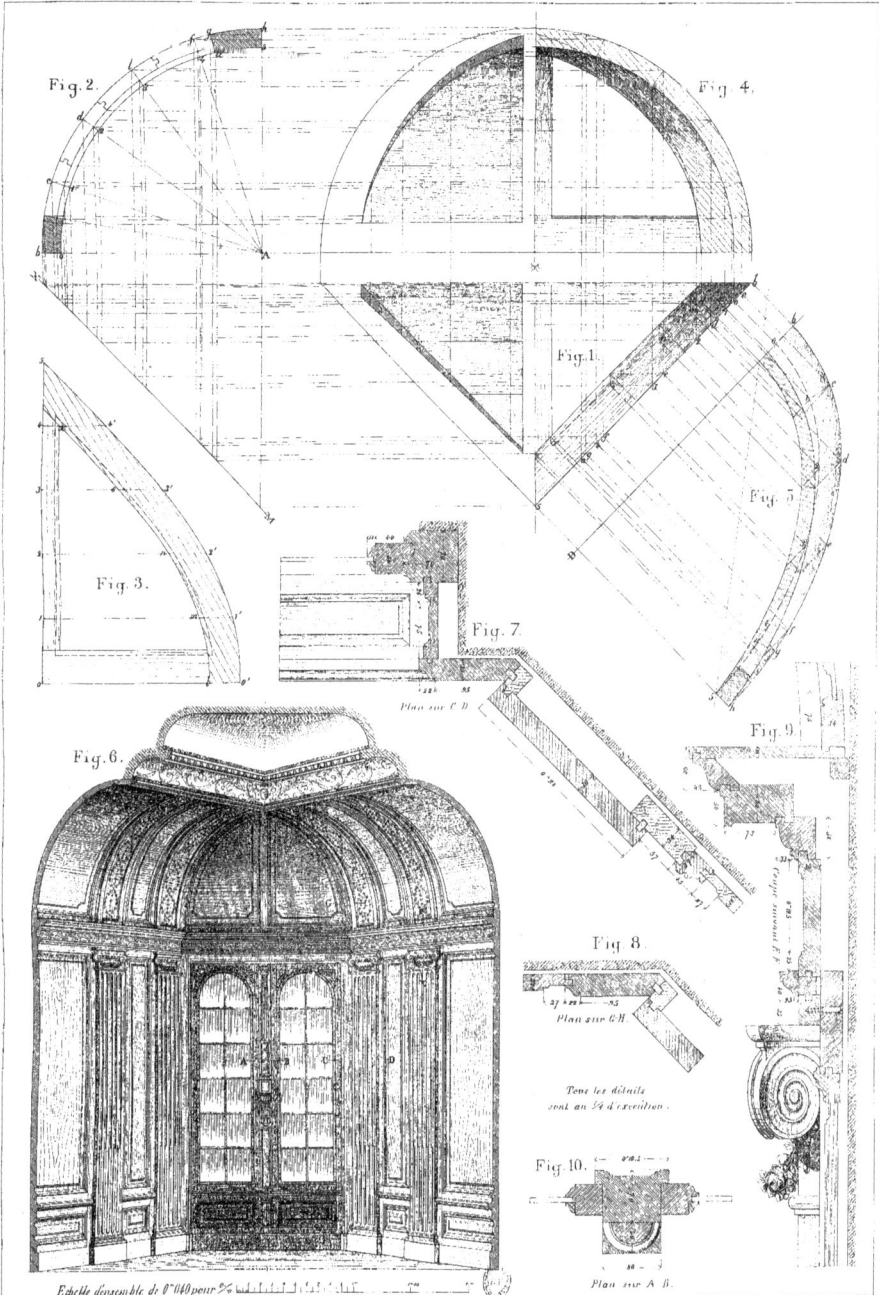

Fig. 2.

Fig. 4.

Fig. 1.

Fig. 5.

Fig. 3.

Fig. 7.

Plan sur C D

Fig. 9.

Fig. 6.

Fig. 8.

Plan sur G H

Tous les détails
sont au 1/4 d'exécution.

Fig. 10.

Échelle d'ensemble de 0,040 pour 1/4

Plan sur A B.

L. Jamin, del.   L. Courtier, 43, rue de Dunkerque, Paris.   A. Sauttès, sc.

TROMPE POUR REVÊTIR UN ANGLE À PAN COUPÉ

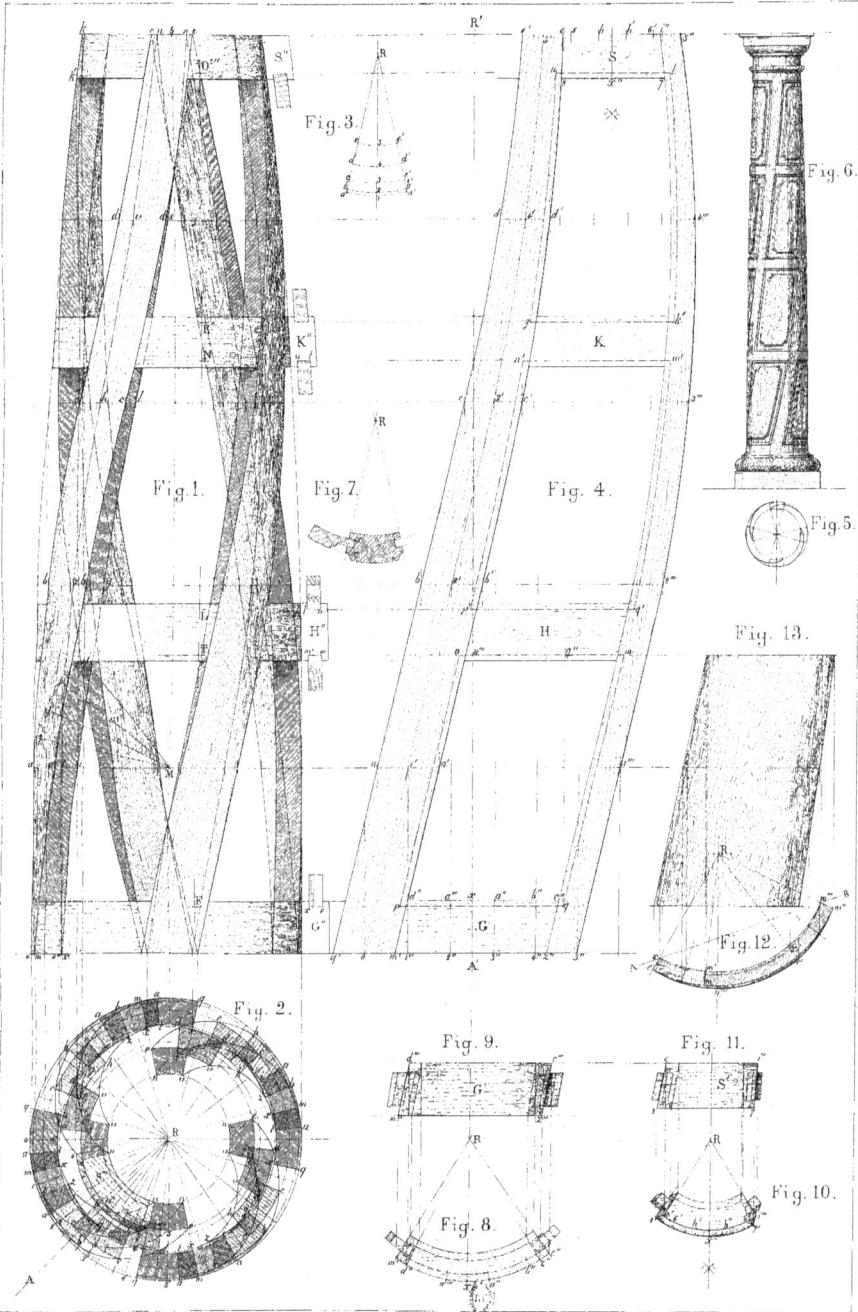

Fig. 3.

Fig. 1.

Fig. 7.

Fig. 4.

Fig. 6.

Fig. 5.

Fig. 13.

Fig. 12.

Fig. 2.

Fig. 9.

Fig. 11.

Fig. 8.

Fig. 10.

L. Janerr. del.   Lecurbier, Rue de Dunkerque, 73 Paris.   A. Stiée qc. sc.

MANIÈRE DE DÉTERMINER LE TRACÉ ET LA PROJECTION DES PANNEAUX, DES TRAVERSES
ET DES MONTANTS D'UNE COLONNE D'ASSEMBLAGE EN FORME DE SPIRALE.

Fig. 3.

Fig. 5.

Fig. 4.

Fig. 2.

Fig. 7.

Fig. 11.

Fig. 10.

Fig. 1.

Fig. 6.

Fig. 13.

Fig. 9.

Fig. 8.

Fig. 12.

L. Jamin, del.   Imp. Couvier, Rue de Dunkerque, 48, Paris.   A. Stutige, sc.

FLÈCHE TORSE D'ASSEMBLAGE.

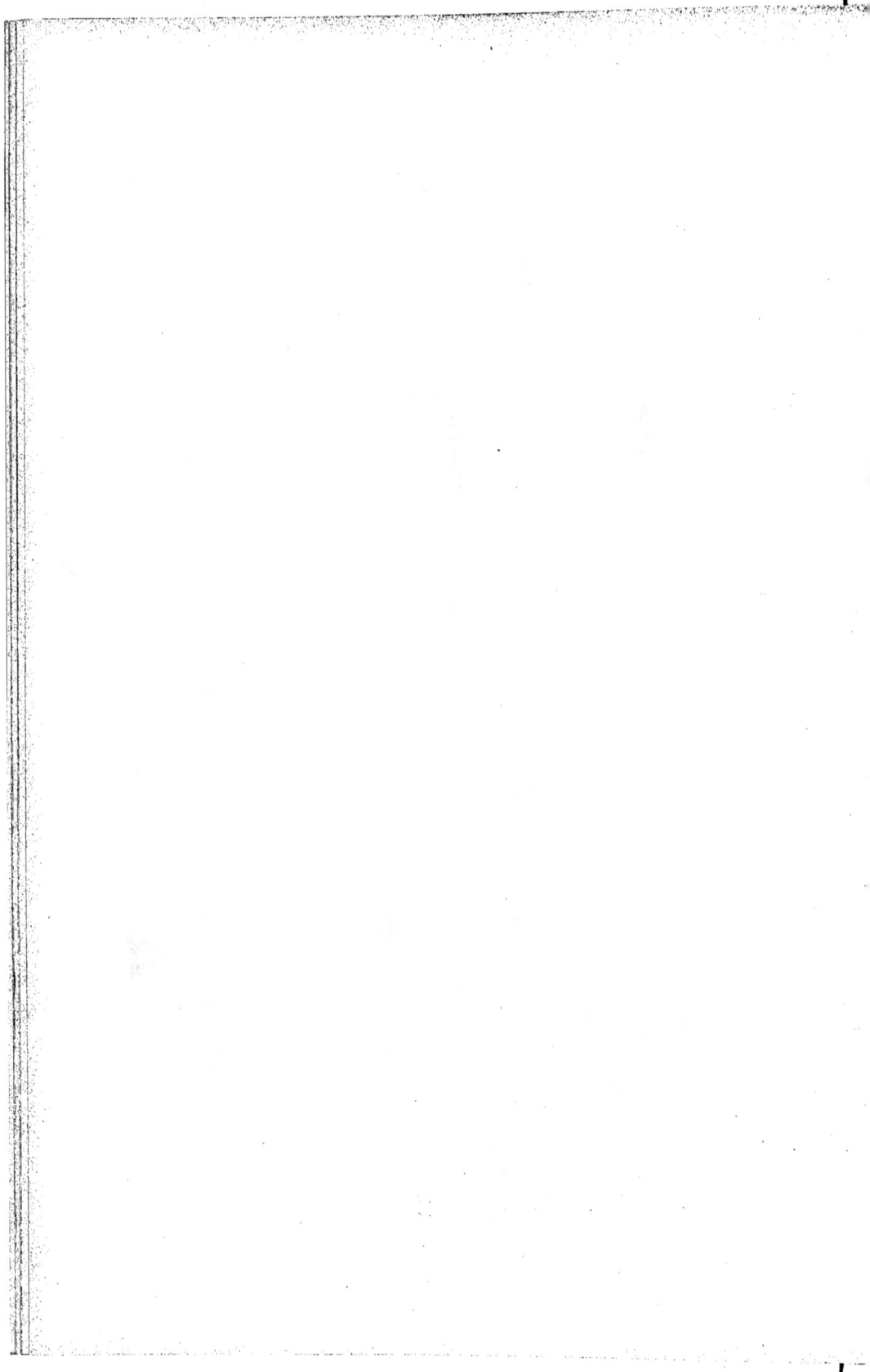

Fig. 1.

Fig. 3.

Fig. 4.

Fig. 2.

Plan sur E-F et G-H.

Détails au ¼ d'exécution.

Fig. 5.

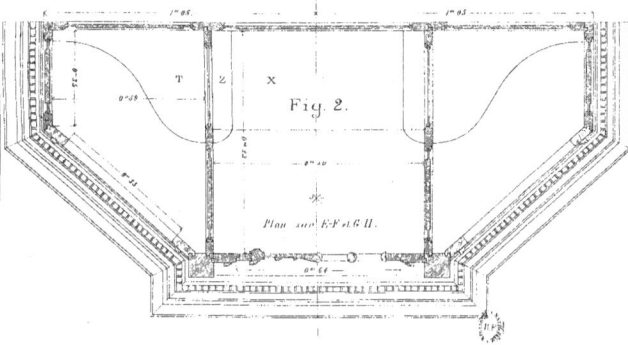

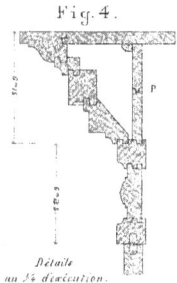

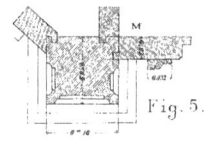

Echelle de 0ᵐ090 pour ¼.

L. Jamin, del.

A. SudSye, sc.

CONFESSIONNAL GENRE RENAISSANCE.

Pl. 74

L'ENSEIGNEMENT PROFESSIONNEL DU MENUISIER.

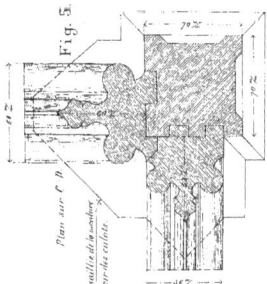

Fig. 5.

Plan sur C D

Détails au ½ d'exécution.

Fig. 4.

Plan sur A B.

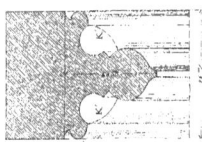

Fig. 6.

Coupe sur E.

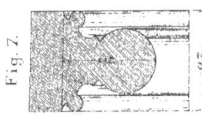

Fig. 8.

Coupe sur G.

Fig. 7.

Coupe sur F.

Les détails fig. 5,6,7,8 et 9,
représentent les profils suivant
leur section respective,
sont demi grandeur d'exécution.

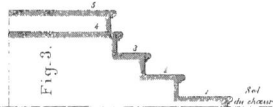

Fig. 3.

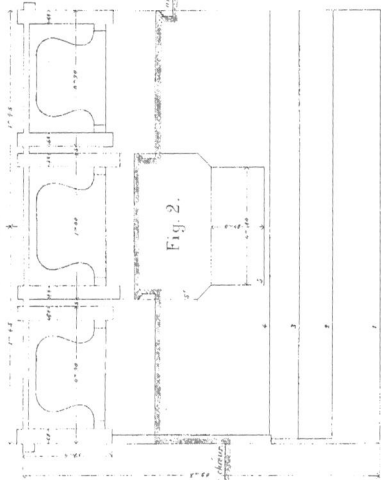

Fig. 2.

Fig. 1.

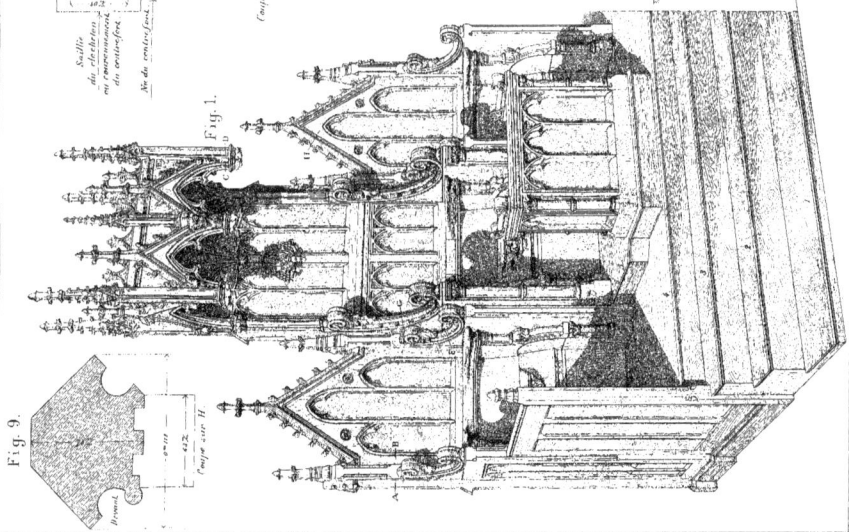

Fig. 9.

Coupe sur H.

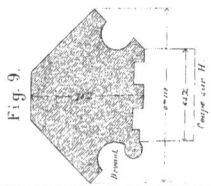

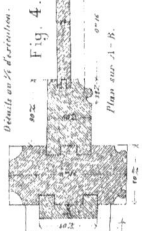

Echelle de 0^m,050 pour 1^m pour les figures 2 et 3.

STALLE ARCHIÉPISCOPALE. CATHÉDRALE DE SENS (YONNE)

Fig. 1.

Fig. 3.

Fig. 4.

Fig. 5.

Fig. 2.

Échelle de 0ᵐ045 pour 2ᵐ.

L. Janin, del.

A. Stuttgé, sc.

BANC D'ŒUVRE

Fig. 2.

Fig. 1.

Fig. 3.

Fig. 6.

Fig. 5.

Fig. 4.

Fig. 7.

Fig. 12.

Fig. 9.

Fig. 8.

Fig. 14.

Profil grandeur
grandeur d'exécution

Fig. 10.

Fig. 11.

Fig. 13.

détaille
a 0^m20 pour 1/4.

Fig. 15.

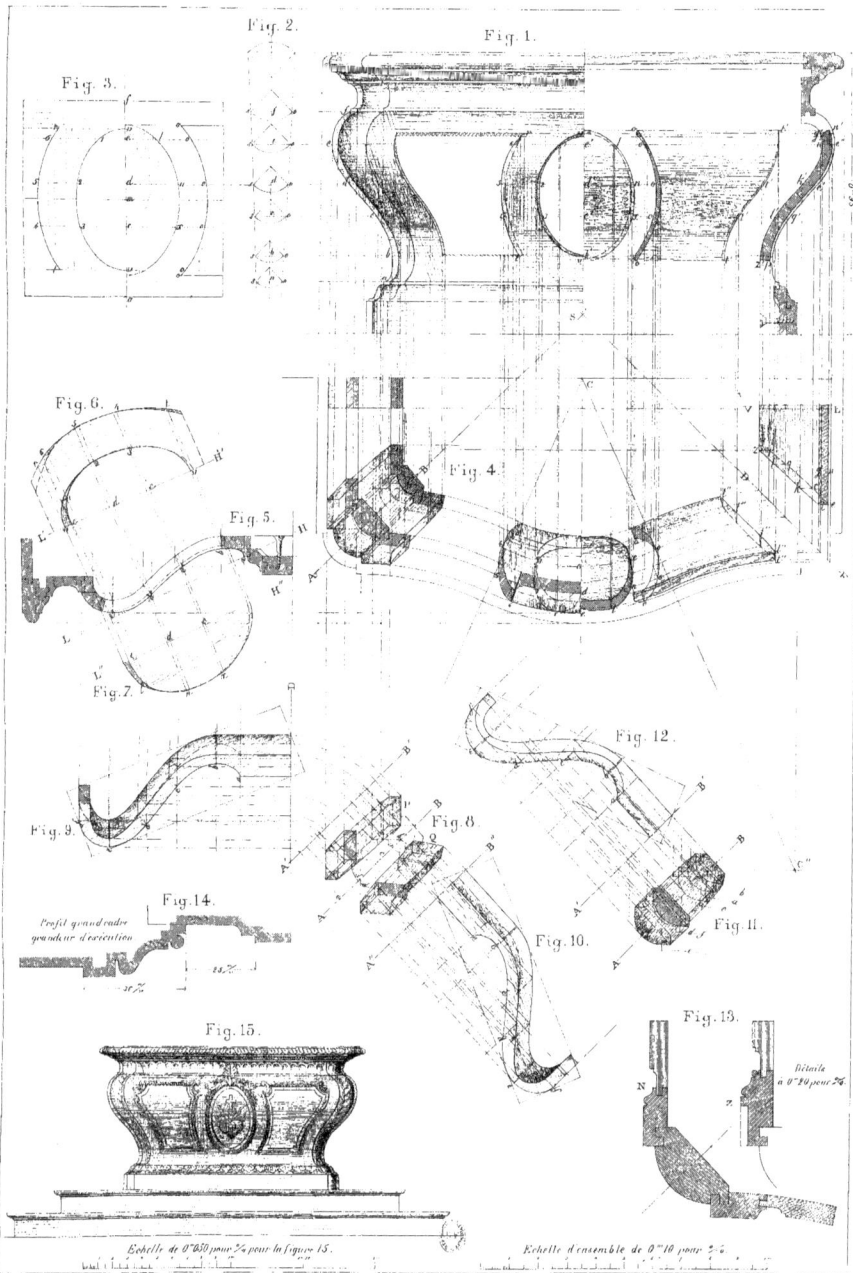

Echelle de 0^m050 pour 1/4 pour la figure 15.

Echelle d'ensemble de 0^m10 pour 1/4.

J. Ganin, sc.

A. Stulge, sc.

AUTEL GENRE LOUIS XV.

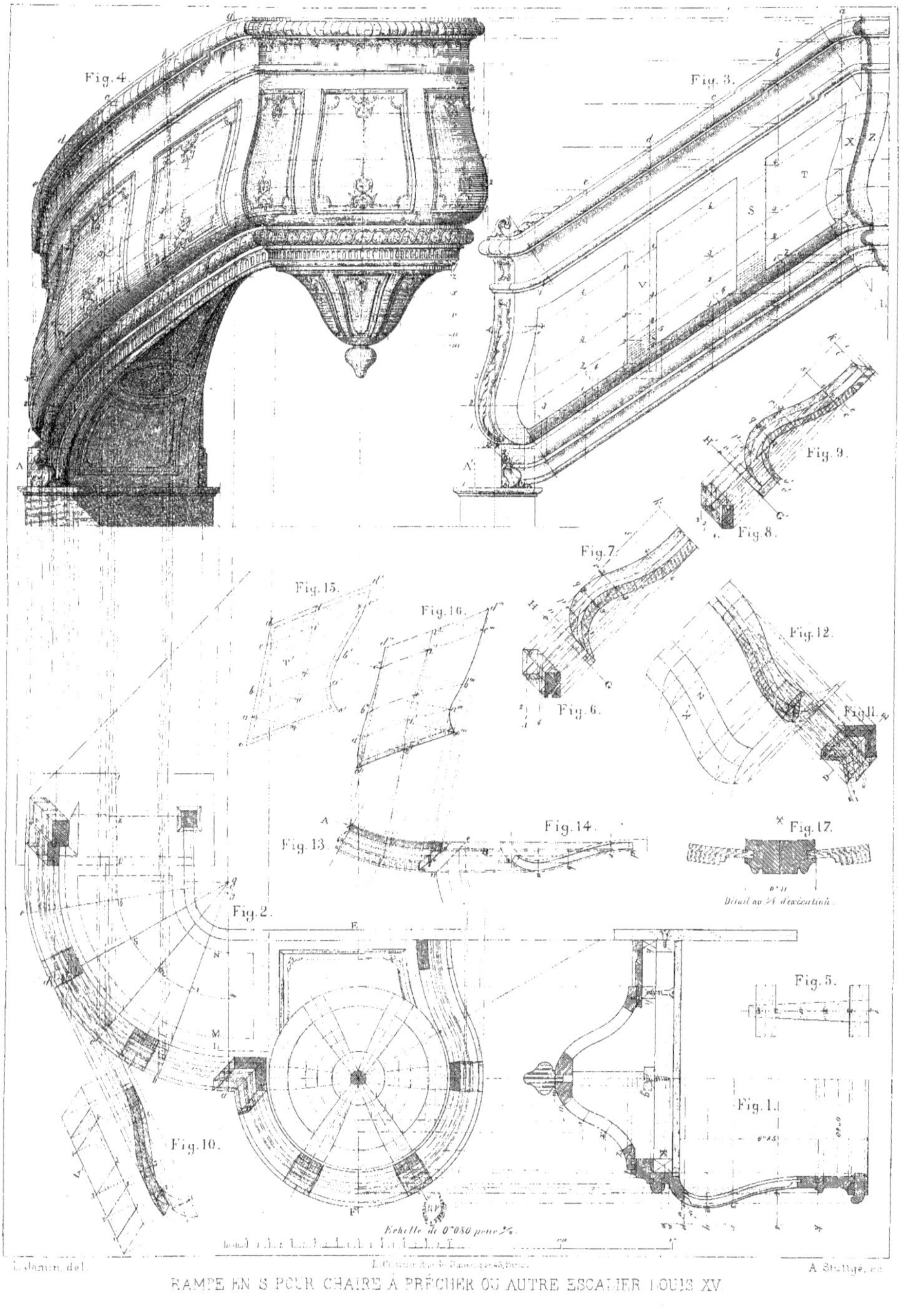

Fig. 4.

Fig. 3.

Fig. 9.

Fig. 8.

Fig. 7.

Fig. 15.

Fig. 16.

Fig. 12.

Fig. 6.

Fig. 11.

Fig. 13.

Fig. 14.

Fig. 17.

Détail au 24 d'exécution.

Fig. 2.

Fig. 5.

Fig. 1.

Fig. 10.

Echelle de 0·080 pour 1ᵐ.

L. Jacum del.

A. Stuttgart.

RAMPE EN S POUR CHAIRE À PRÊCHER OU AUTRE ESCALIER LOUIS XV

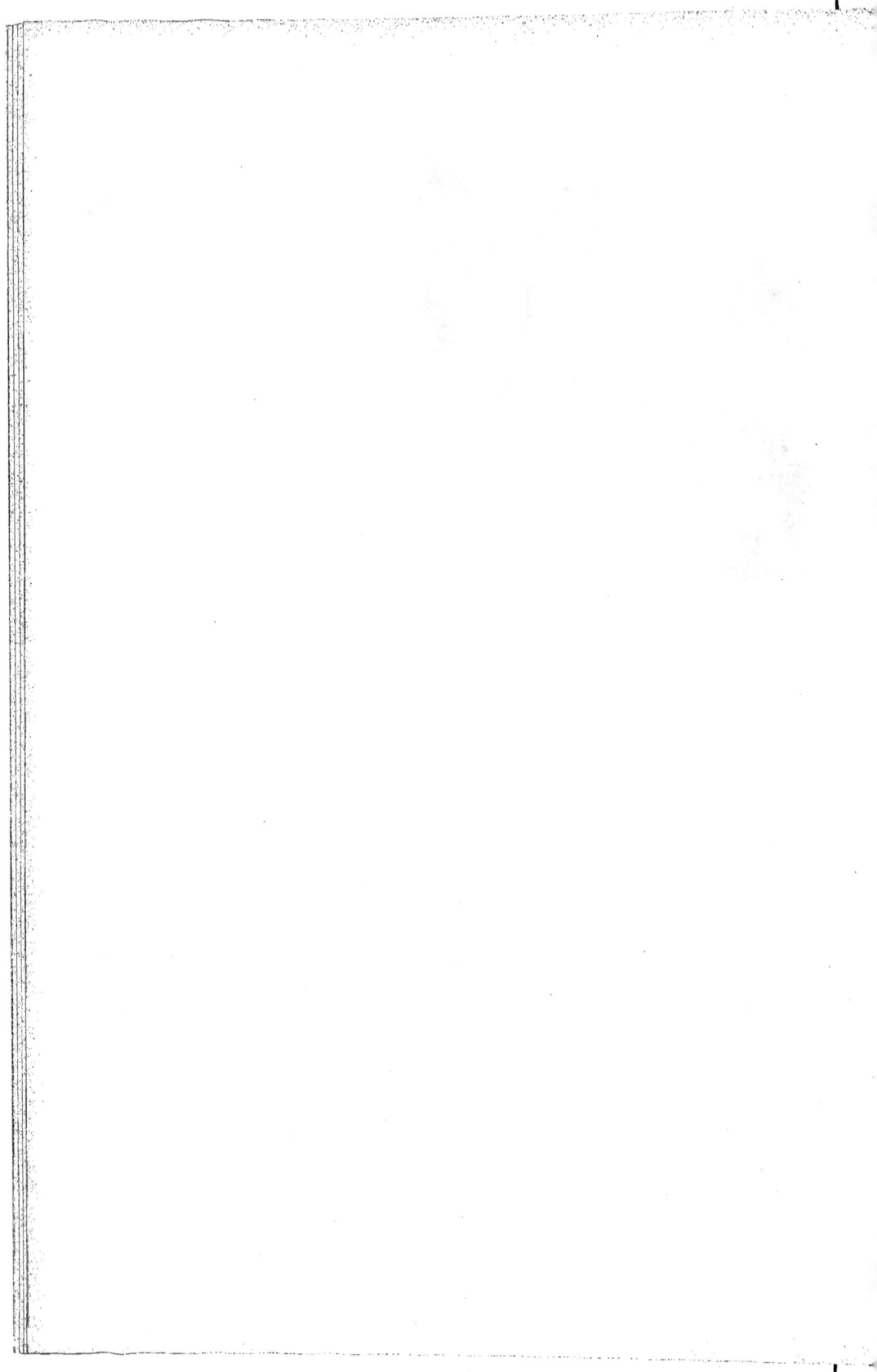

Echelle de 0.° 040 pour 20 pour les figures 1 et 2.

Fig. 5.

Fig. 4.

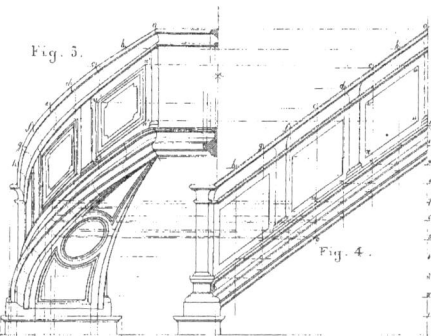

Echelle de 0.°040 pour 20 pour les figures 3, 4 et 5.

Fig. 3.

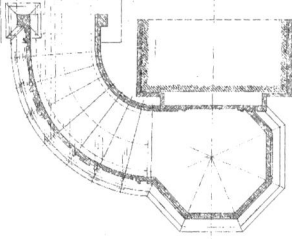

Fig. 1.

Fig. 2.

L. Garnin, del.   L. Courtier, Rue de Dunkerque 42, Paris.   A. Stuttge, sc.

CHAIRE A PRÊCHER, LOUIS XVI.

Pl. 79

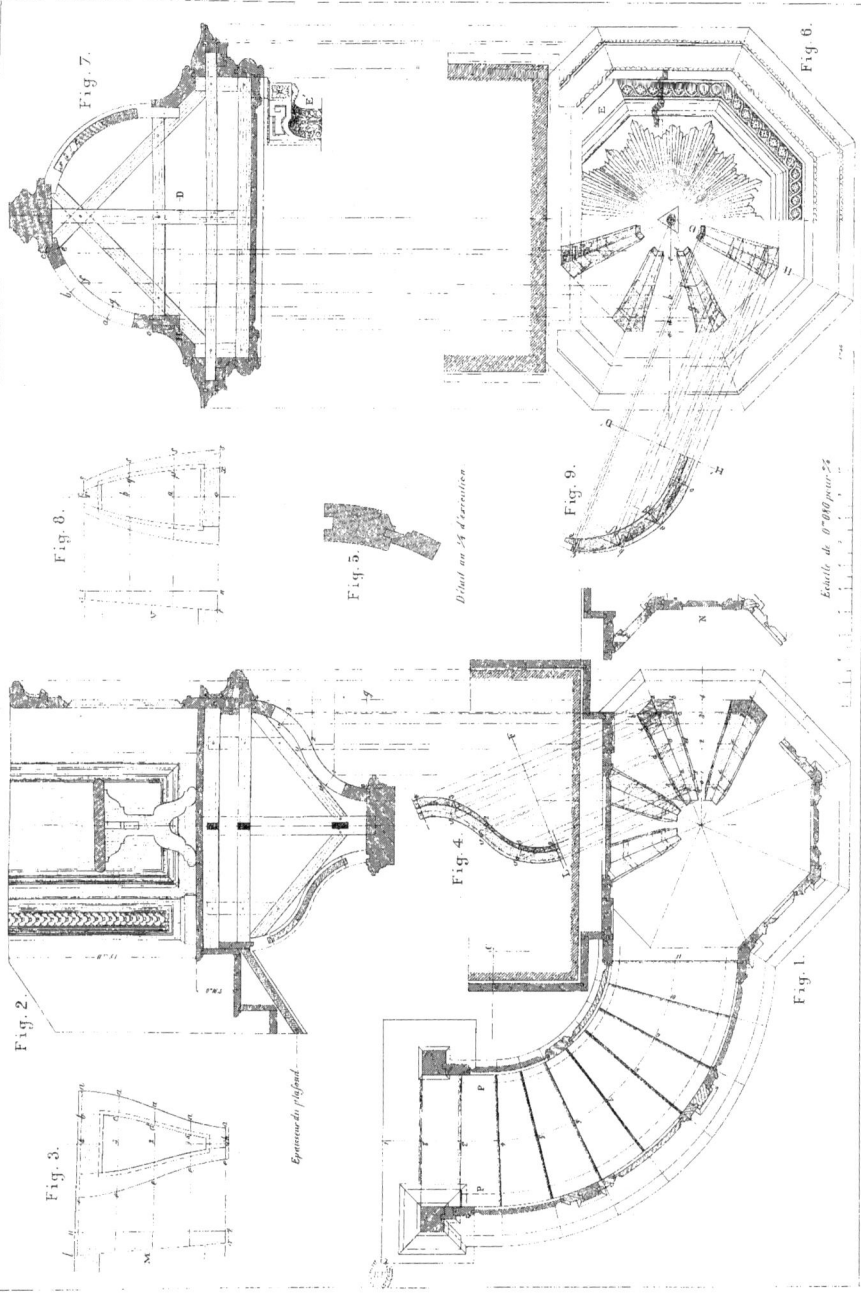

Fig. 7.

Fig. 8.

Fig. 5.

Début au 1/4 d'exécution

Fig. 6.

Fig. 9.

Échelle de 0^m040 pour 2^m

Fig. 2.

Fig. 3.

Épaisseur du plafond

Fig. 4.

Fig. 1.

PLANS COUPES PROJECTIONS ET DÉTAILS DE LA CHAIRE À PRÊCHER PLANCHE 179

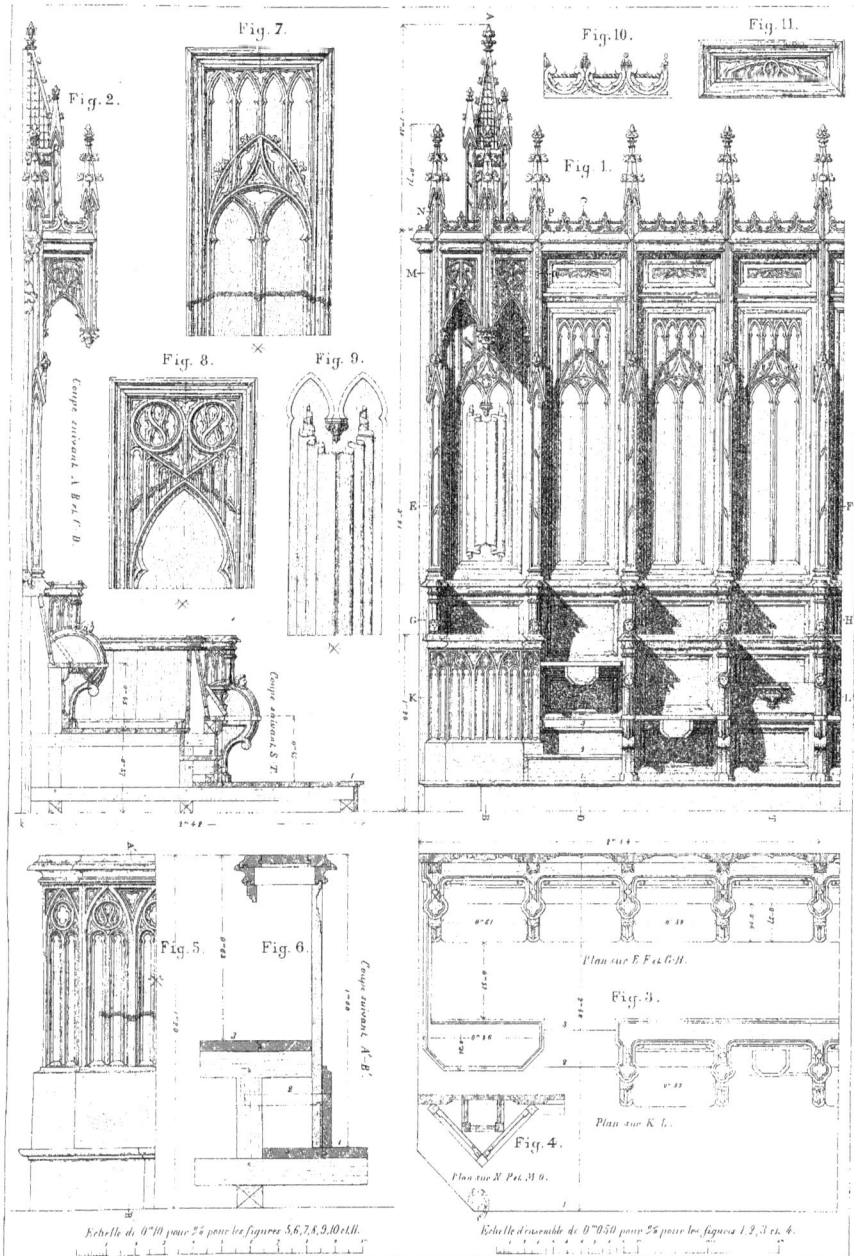

Fig. 7.

Fig. 2.

Fig. 10.

Fig. 11.

Fig. 1.

Fig. 8.

Fig. 9.

Coupe suivant A B et C D.

Coupe suivant S T.

Fig. 5.

Fig. 6.

Coupe suivant A' B'.

Plan sur E F et G H.

Fig. 3.

Plan sur K L.

Fig. 4.

Plan sur N P et M O.

Échelle de 0m10 pour 2/4 pour les figures 5,6,7,8,9,10 et 11.

Échelle d'ensemble de 0m050 pour 2/4 pour les figures 1,2,3 et 4.

L. Courtier, Rue de Dunkerque, 43, Paris

A. Stuttge, sc.

STALLES DE CHŒUR

Échelle de 0ᵐ032 pour 2ᵐ

BUFFET D'ORGUE DE LA CATHÉDRALE DE SAINT-BRIEUC (CÔTES-DU-NORD)

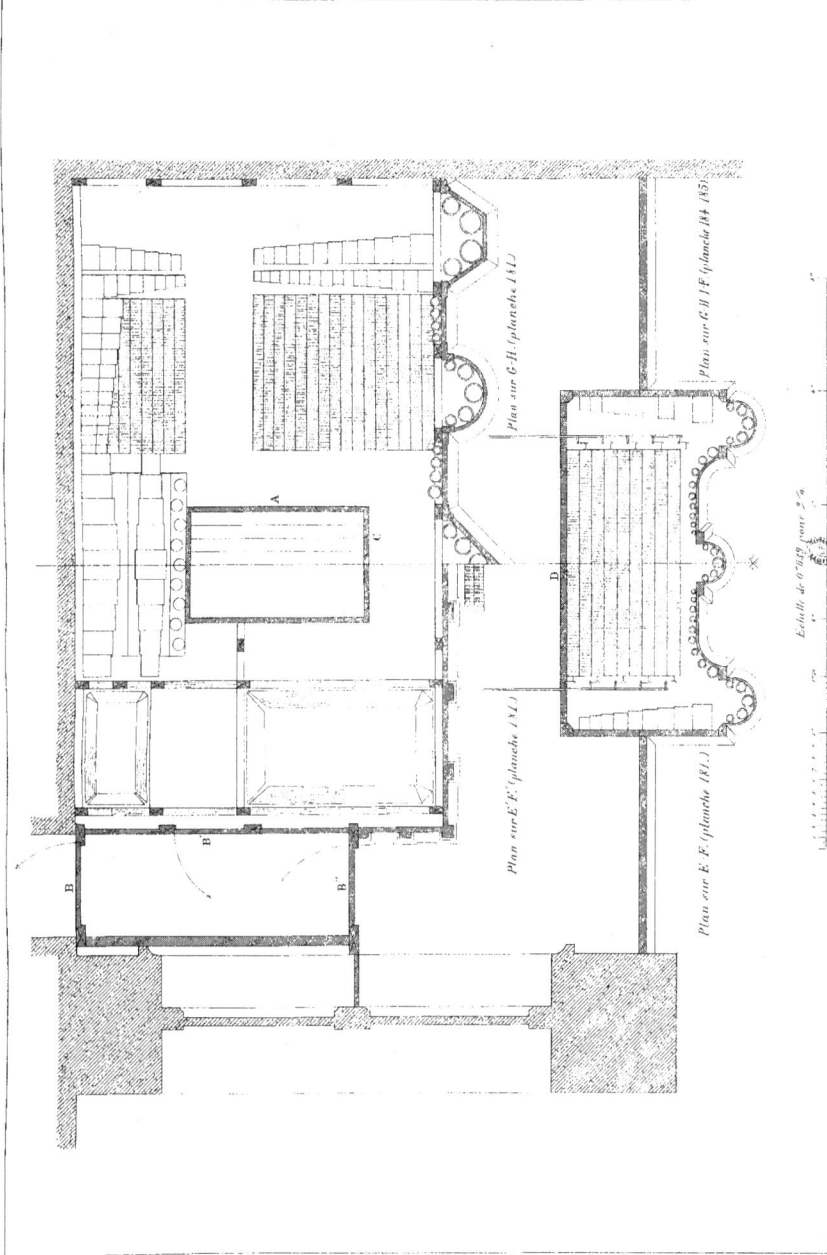

Plan sur G-H (planche 181)

Plan sur G H I F (planche 184-185)

Plan sur E'F' (planche 181)

Plan sur E F (planche 181)

Échelle de 0^m019 pour 1^m

PLANS DU BUFFET D'ORGUE DE LA PLANCHE 181

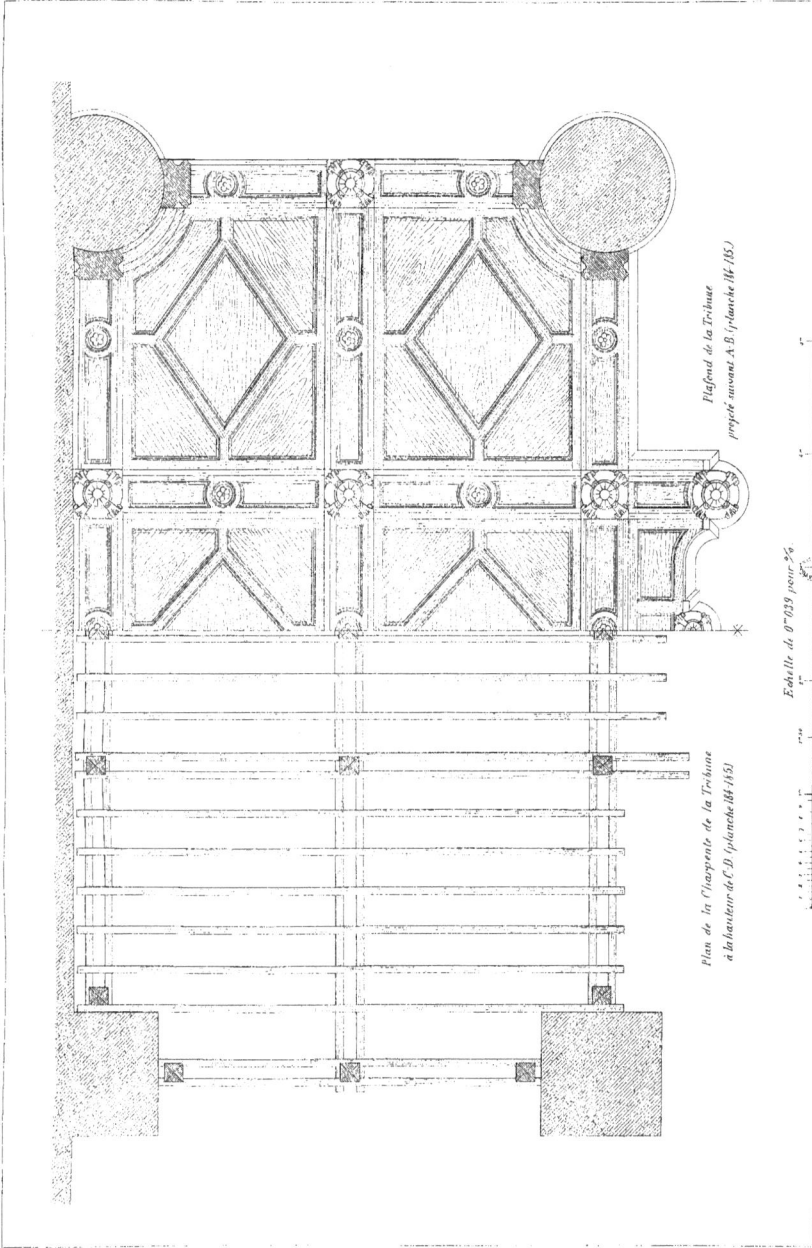

Pl. 182.

Plafond de la Tribune
projeté suivant A B (planche 184-185)

Plan de la Charpente de la Tribune
à la hauteur de CD (planche 184-185)

Échelle de 0ᵐ,039 pour ⁵⁄₁₀

PLANS DE LA CHARPENTE ET DU PLAFOND DE LA TRIBUNE DU BUFFET D'ORGUE DE LA PLANCHE 181

Lith. et Imp. Gérin A. Levaillot.

A. Bastigé sc.

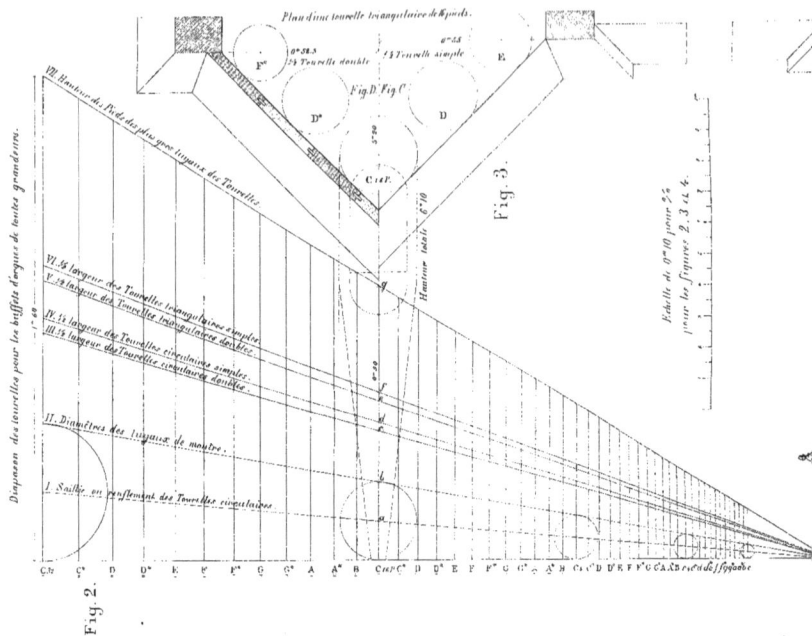

Fig. 2.

Fig. 3.

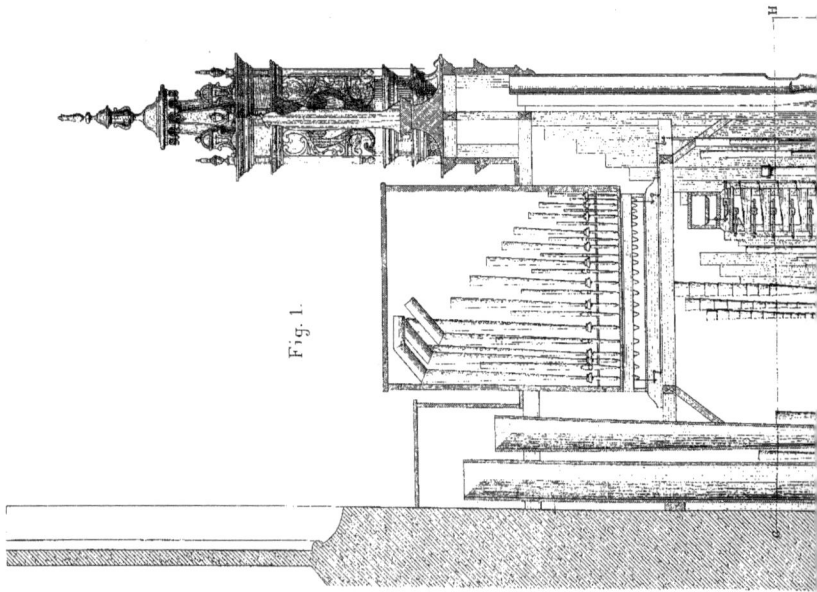

Fig. 1.

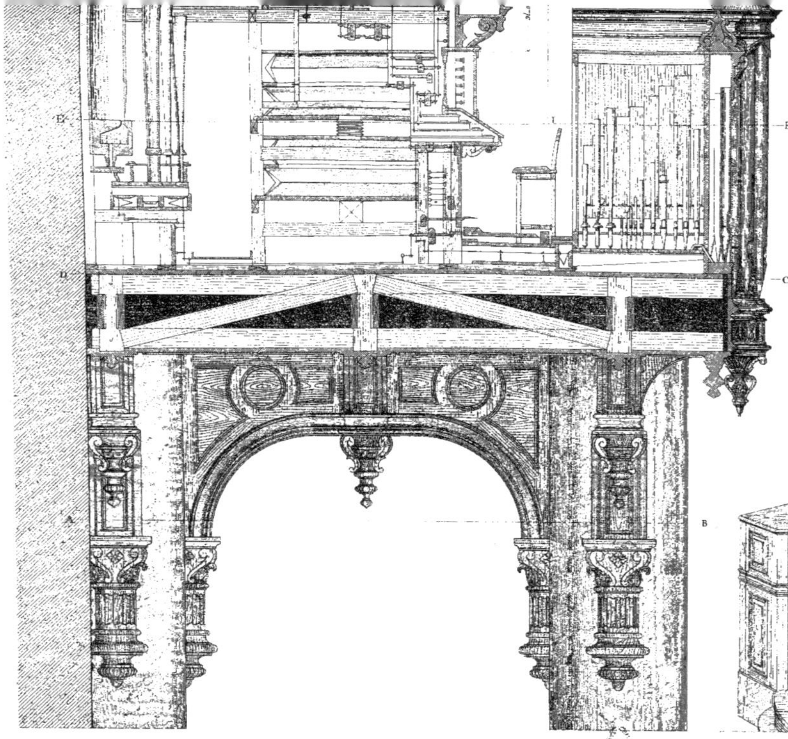

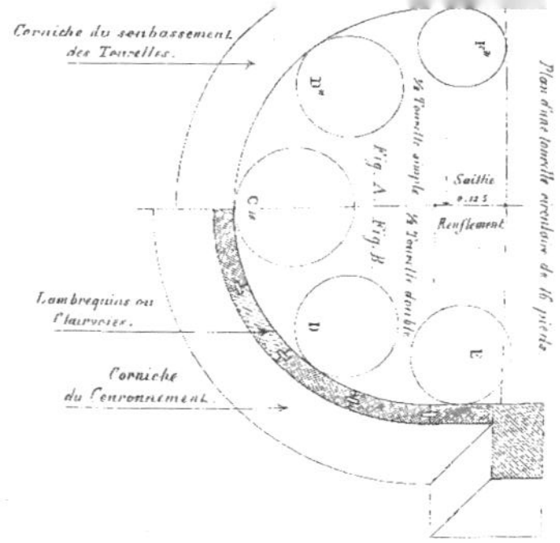

Plan d'une tourelle circulaire de 16 pieds

½ Tourelle simple   ½ Tourelle double
Fig. A   Fig. B

Corniche du soubassement
des Tourelles

Lambrequins ou
Fleurons

Corniche
du couronnement

Fig. 5.

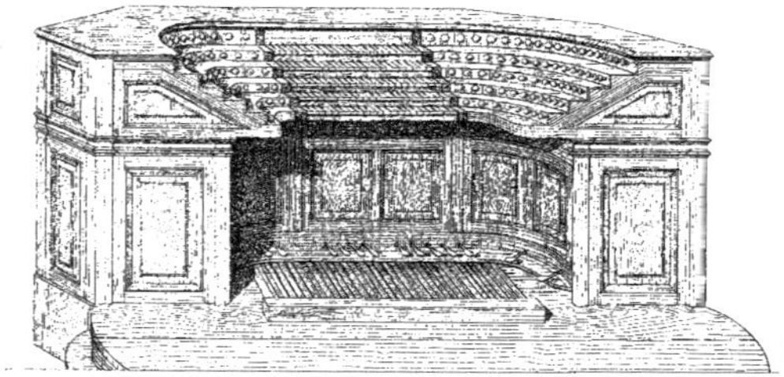

Disposition des claviers
du grand orgue de Notre-Dame de Paris.

Echelle de 0.029 pour ⁰⁄₀.

COUPE SUR AXE DU BUFFET D'ORGUE DE LA PLANCHE 181

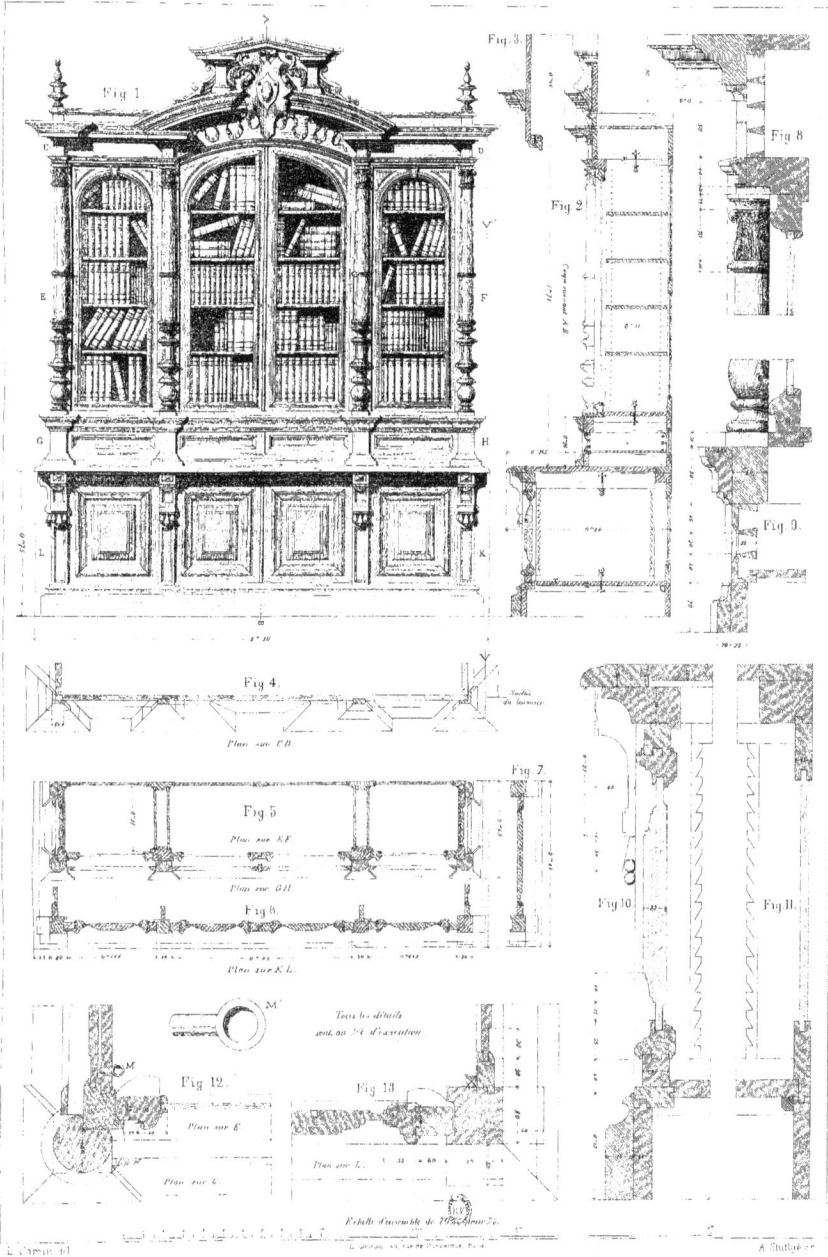

PLANS, COUPES ET ÉLÉVATION D'UNE BIBLIOTHÈQUE

Fig.10

Fig.11

Fig.4

Fig.5

Fig.1.

Fig.2

Fig.6.

Fig.7

Plan sur KF.

Fig.3.

Plan sur CD.

Plan sur GH.

Fig.8.

Plan sur D.

Fig.9.

Plan sur G.

Échelle de 0m.010 pour 50.

L. Courtier, 42, rue de Dunkerque, Paris.

VITRINE DE MILIEU POUR MAGASIN OU EXPOSITION.

Fig. 4.

Fig. 1.

Fig. 2.

Coupe suivant A-B et C-D.

Fig. 3.

Plan sur E-F.

Plan sur G-H.

Fig. 5.

Coupe suivant K-L.

Fig. 6.

Plan sur E-F.

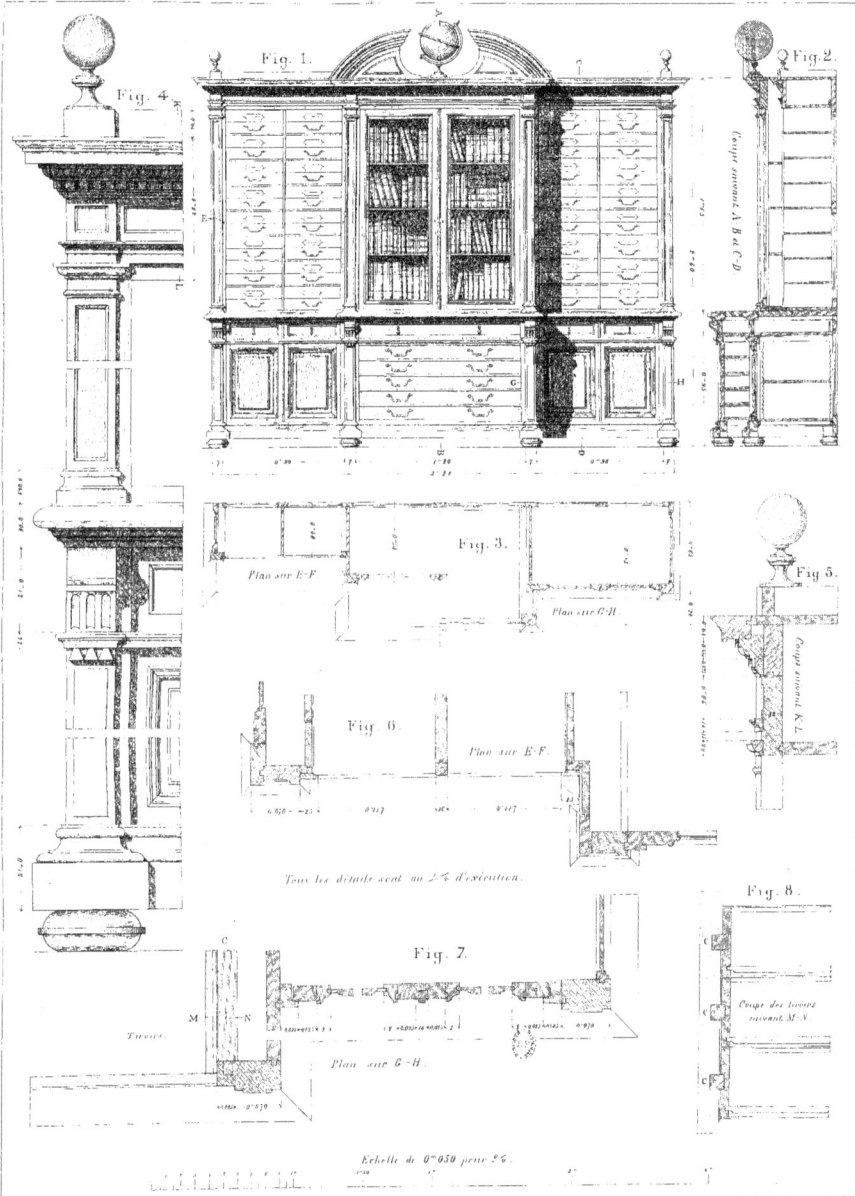

Tous les détails sont au 1/4 d'exécution.

Fig. 8.

Coupe des tiroirs suivant M-N.

Fig. 7.

Tiroirs.

M   N

Plan sur G-H.

Échelle de 0m.050 pour 1m.

L. Jamin, del.
L. Fournier, 42, rue de Dunkerque, Paris.
A. Stuttg., sc.

CARTONNIER BIBLIOTHÈQUE

Fig. 1.

Echelle de 0m040 pour 2e

Fig. 2.

Echelle de 0m032 pour 2e

L. Jamin del.

A. Putigny, sc.

LAMBRIS RENAISSANCE et LOUIS XIV.

Fig. 1.

Echelle de 0,040 pour 2,m

Fig 2.

Echelle de 0,040 pour 2,m

L.Janin del.   L. Courtier 43, rue de Lancette, Paris   A. Stuttgé, sc.

LAMBRIS LOUIS XV ET LOUIS XVI.

DÉTAILS DES SOUBASSEMENTS DES LAMBRIS DES PLANCHES 189 ET 190

Fig. 1.

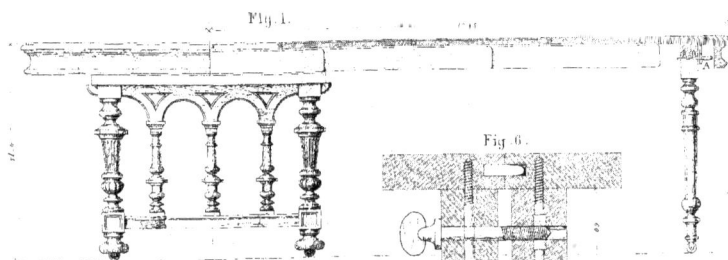

Fig. 6.

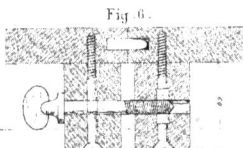

Fig. 5.

Fig. 2.

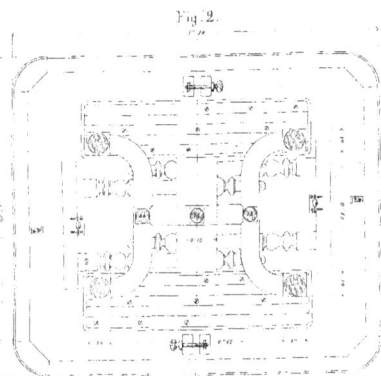

Fig. 7.

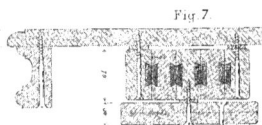

Fig. 3.

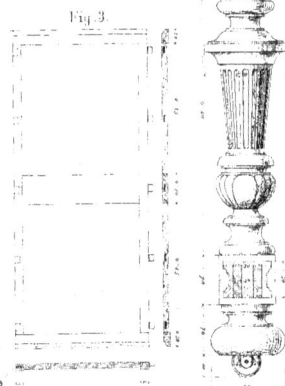

Fig. 4.

Fig. 9.

Fig. 8.

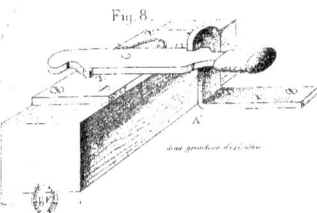

Échelle de 0.^m 10 pour 2.^m

L. Jacin, del.

L. Courtier, 43, rue de Dunkerque, Paris.

A. Stuttgart.

TABLE A COULISSE.

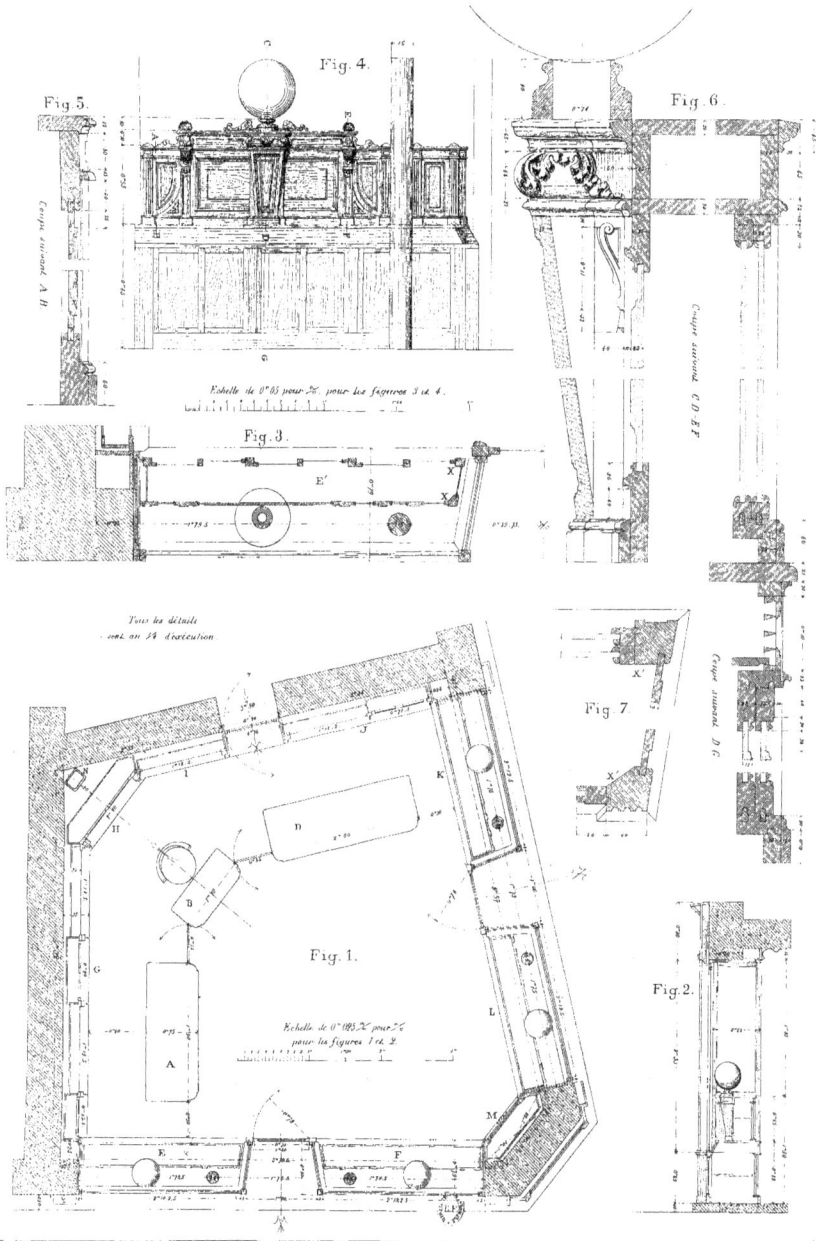

Fig. 5.

Fig. 4.

Fig. 6.

Coupe suivant A.B.

Echelle de 0.05 pour ½ pour les figures 3 et 4.

Fig. 3.

Coupe suivant C.D.EF

Tous les détails
sont au ¼ d'exécution

Fig. 7.

Coupe suivant D.G.

Fig. 1.

Fig. 2.

Echelle de 0.005 ½ pour ½
pour les figures 1 et 2.

L.Jarnir. del.   L. Courtier, 43, rue de Dunkerque, Paris   A.Stultgé. sc.

INSTALLATION D'UNE PHARMACIE.

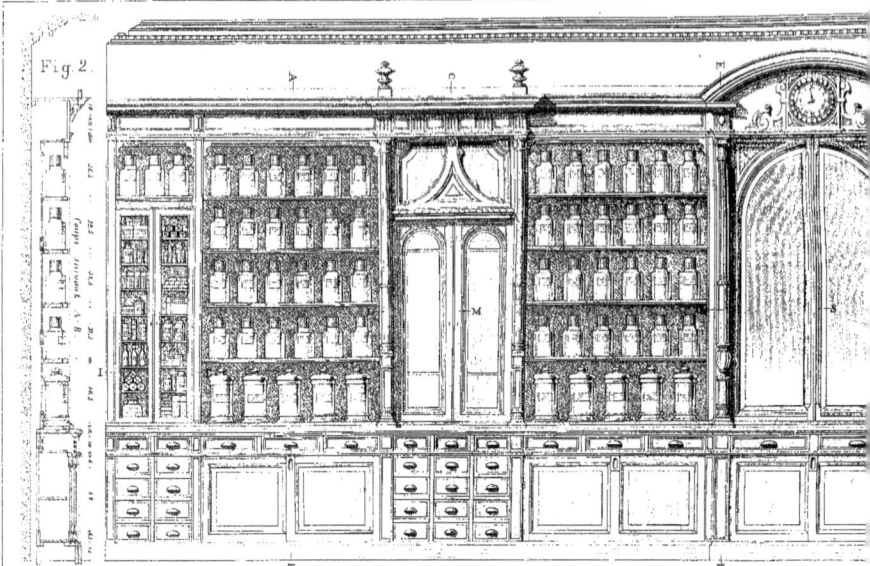

Fig. 2.

Fig. 1.

G — H

Echelle d'ensemble de 0

Fig. 8.

Tous les détails sont a

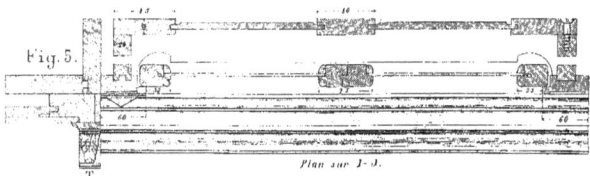

Fig. 5.

Plan sur I-J.

Fig.

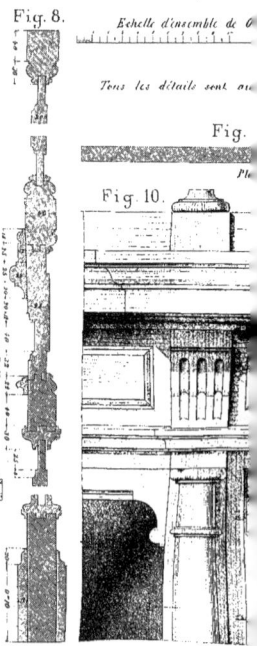

Fig. 10.

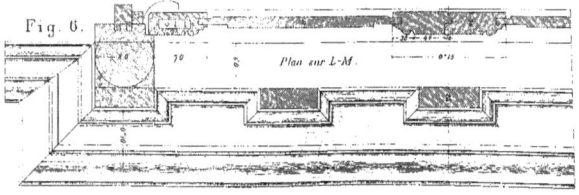

Fig. 6.

Plan sur L-M.

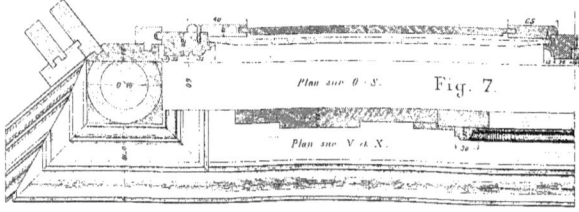

Plan sur O-S.   Fig. 7.

Plan sur V et X.

L. Janin, del.

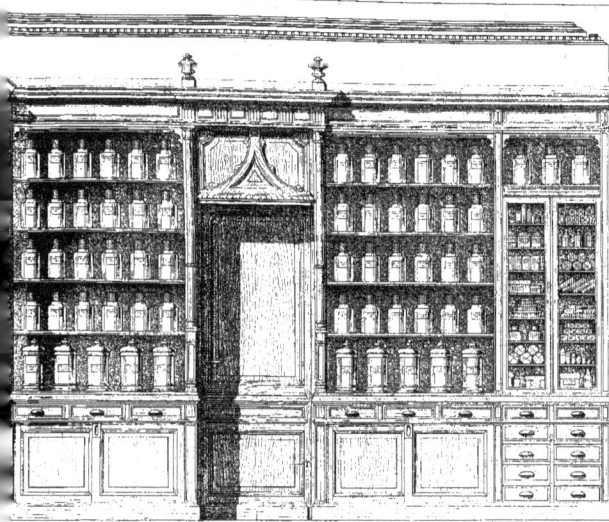

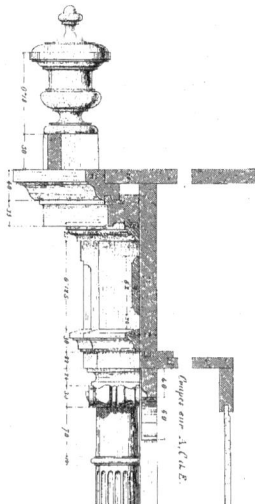

Fig. 4.

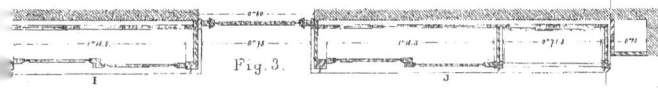

Fig. 3.

Fig. 12.   Fig. 11.

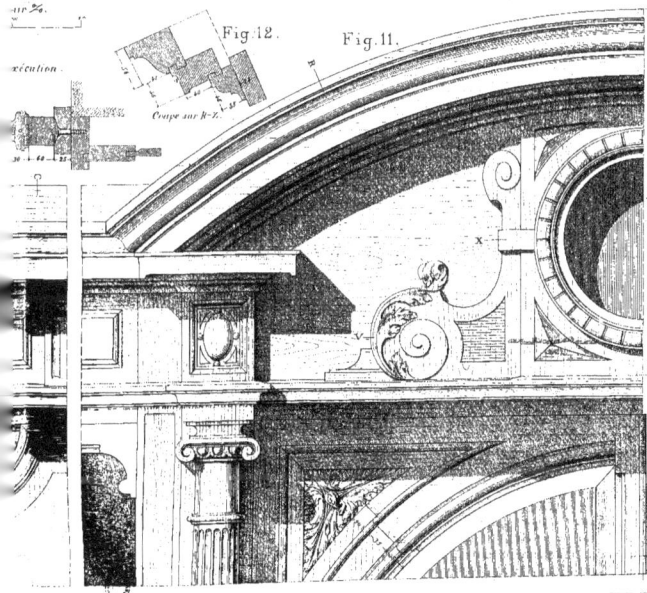

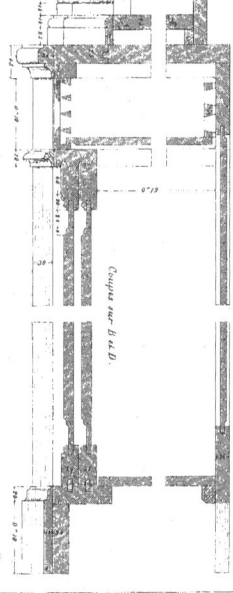

A. Statige, sc.

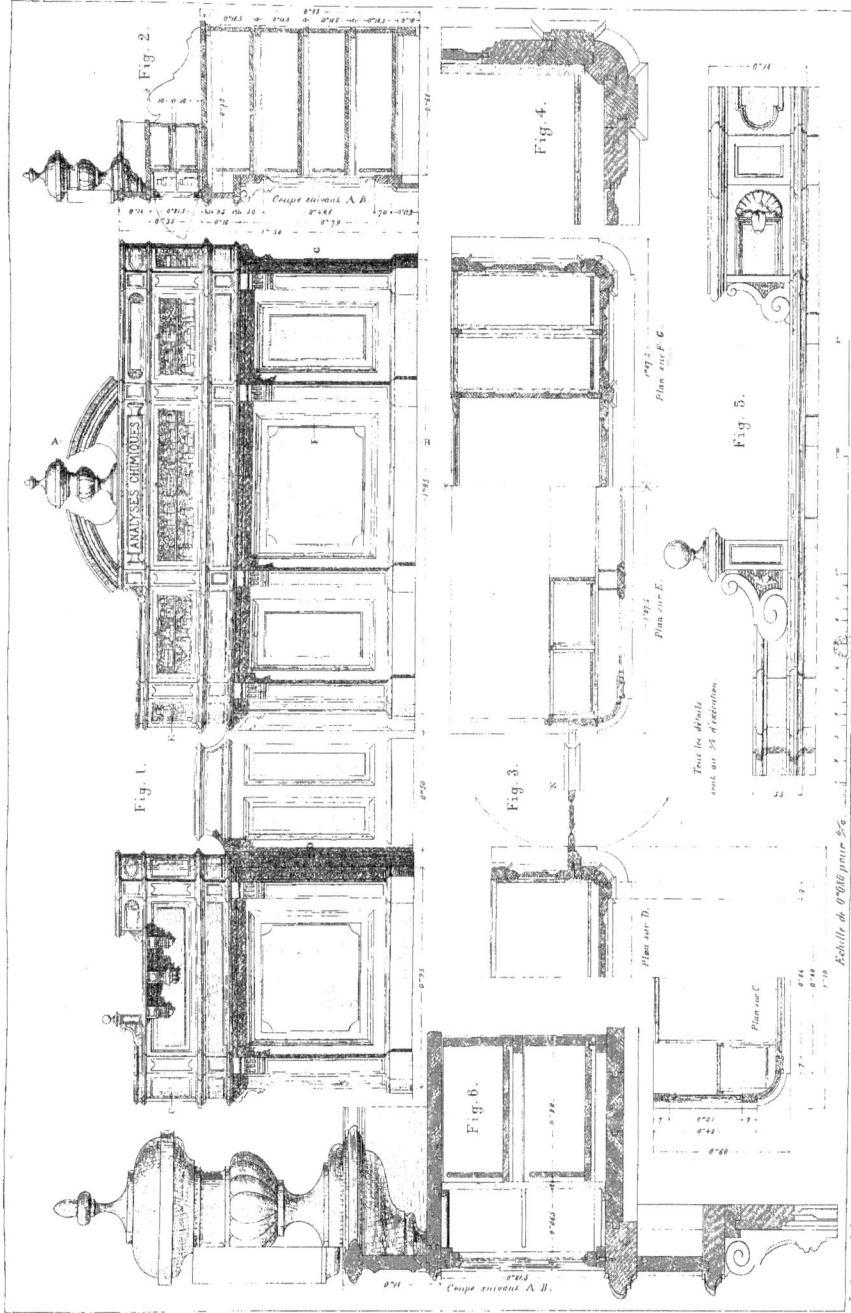

Pl. 196

L'ENSEIGNEMENT PROFESSIONNEL DU MENUISIER.

Fig. 2.

Coupe suivant A B.

Fig. 1.

ANALYSES CHIMIQUES

Fig. 4.

Plan sur F G

Fig. 5.

Plan sur E

Fig. 3.

Tous les détails sont au 1/4 d'exécution

Plan sur D

Plan sur C

Fig. 6.

Coupe suivant A B.

Échelle de 0m,02 pour 0m,6

L. Cosmin del.

CAISSE ET COMPTOIR POUR PHARMACIE

A. Sturnje. sc.

Pl. 197

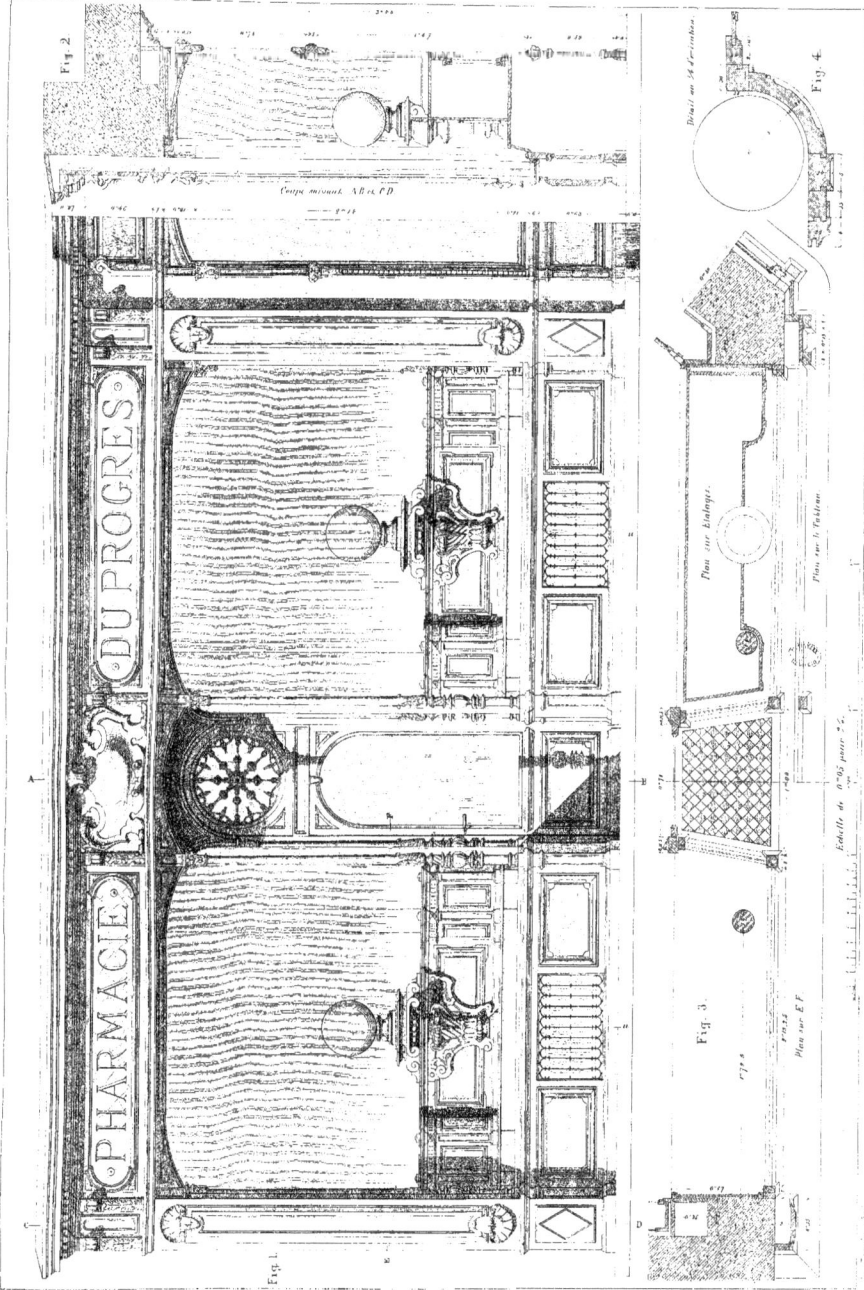

PHARMACIE DU PROGRES

Fig. 1.

Fig. 2.

Fig. 3.

Fig. 4.

Coupe suivant AB et CD.

Plan sur le Tableau.

Plan sur l'Entresol.

Plan sur EF.

Échelle de 0,05 pour 1m.

ÉLÉVATION GÉOMÉTRALE DE L'UNE DES DEVANTURES DE LA PHARMACIE VALADE, LE PLAN FIG. 3 DE LA PLANCHE 193.
AVEC PANNEAUX D'UN AUTRE GENRE.

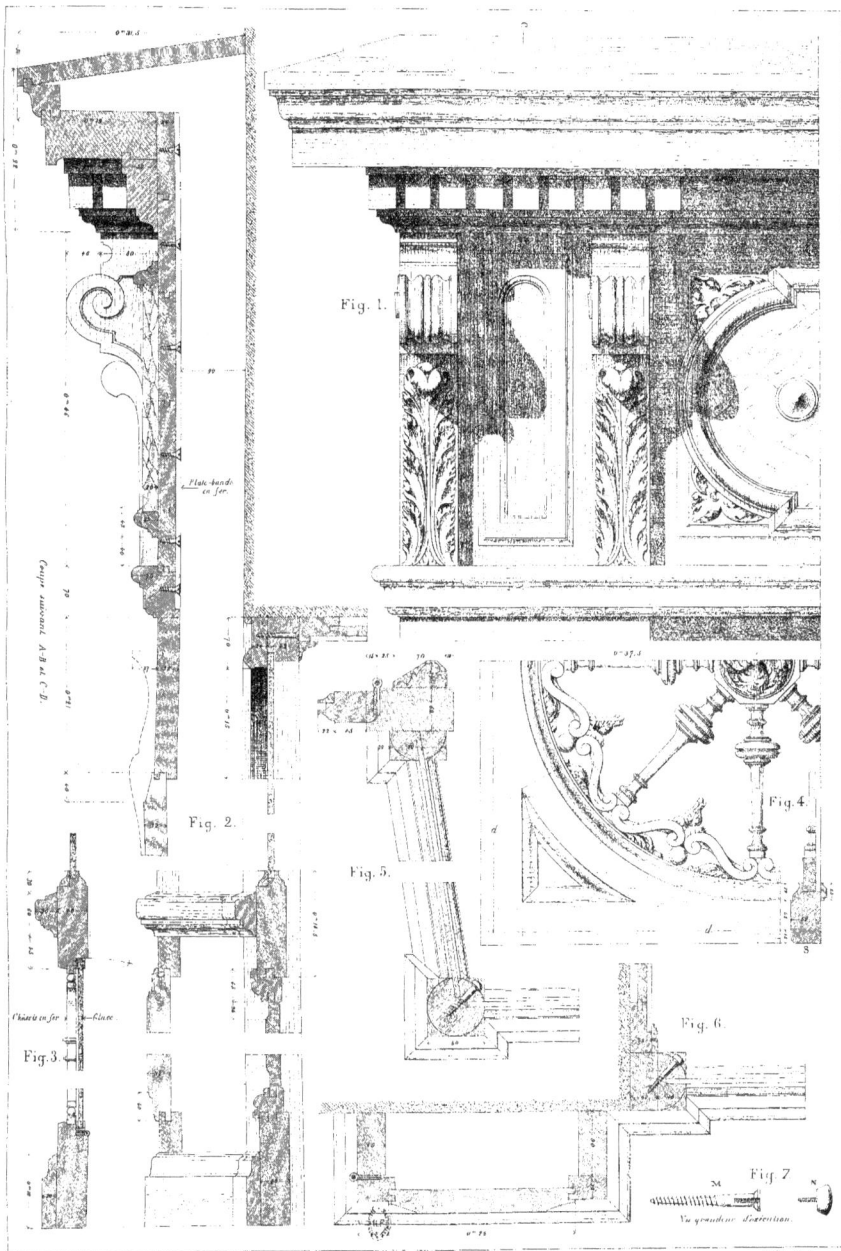

Fig. 1.

Fig. 2.

Fig. 3.

Fig. 4.

Fig. 5.

Fig. 6.

Fig. 7.

Vu grandeur d'exécution.

G. Jamin, del.   L. Courtier, 13, rue de Fleurus, Paris.   A. Stutigé, sc.

DÉTAILS AU ¼ D'EXÉCUTION DE LA DEVANTURE DE PHARMACIE. Pl. 197.

Pl. 123.

VUE PERSPECTIVE DE L'INTÉRIEUR D'UN MAGASIN POUR PARFUMERIE, GENRE LOUIS XV.

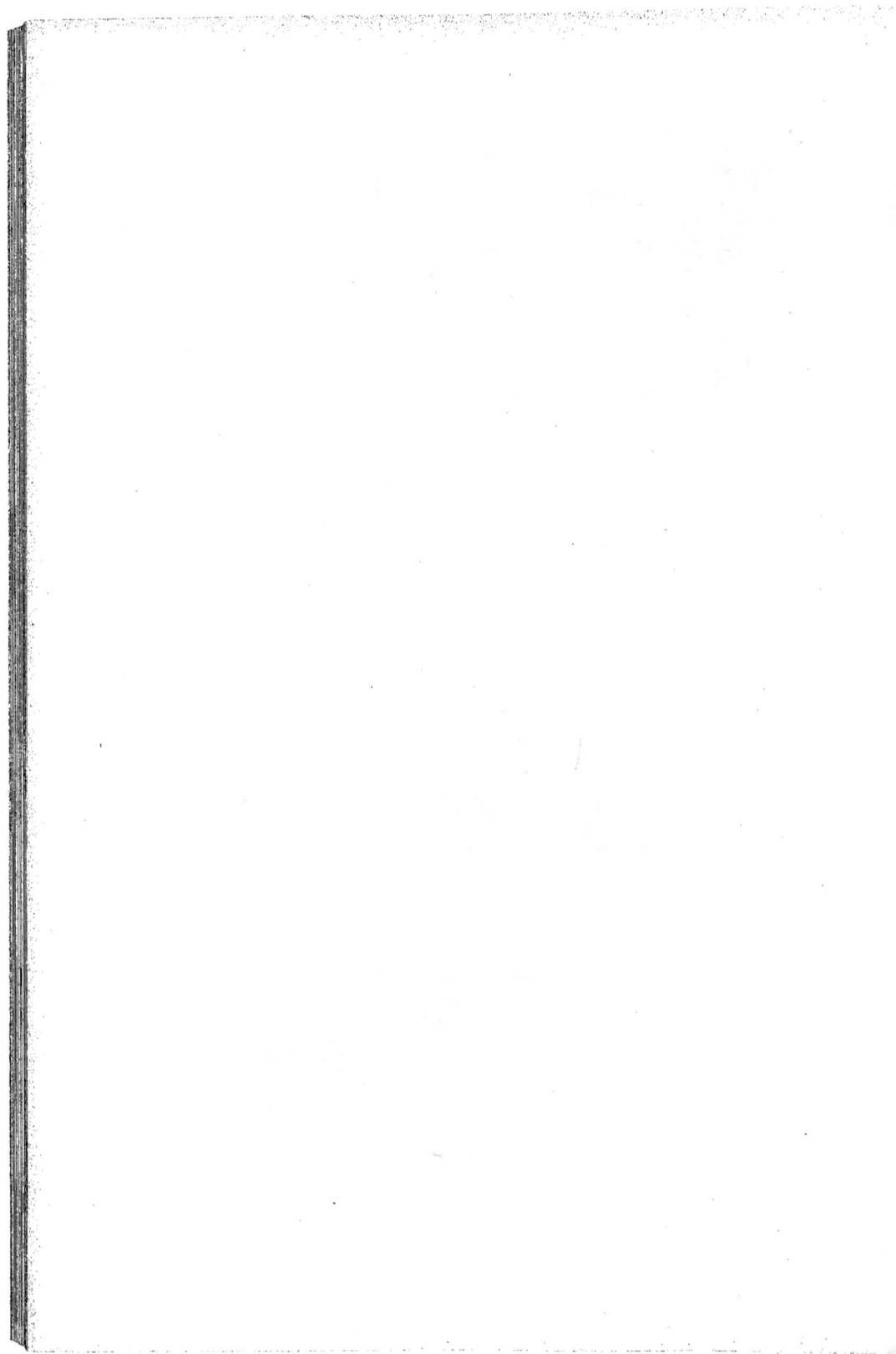

Pl. 200

L'ENSEIGNEMENT PROFESSIONNEL DU MENUISIER

ARCHITECTURE, SALON, VUE PERSPECTIVE SUR LA LARGEUR

TABLE DES PLANCHES

CONTENUES DANS CE DEUXIÈME VOLUME

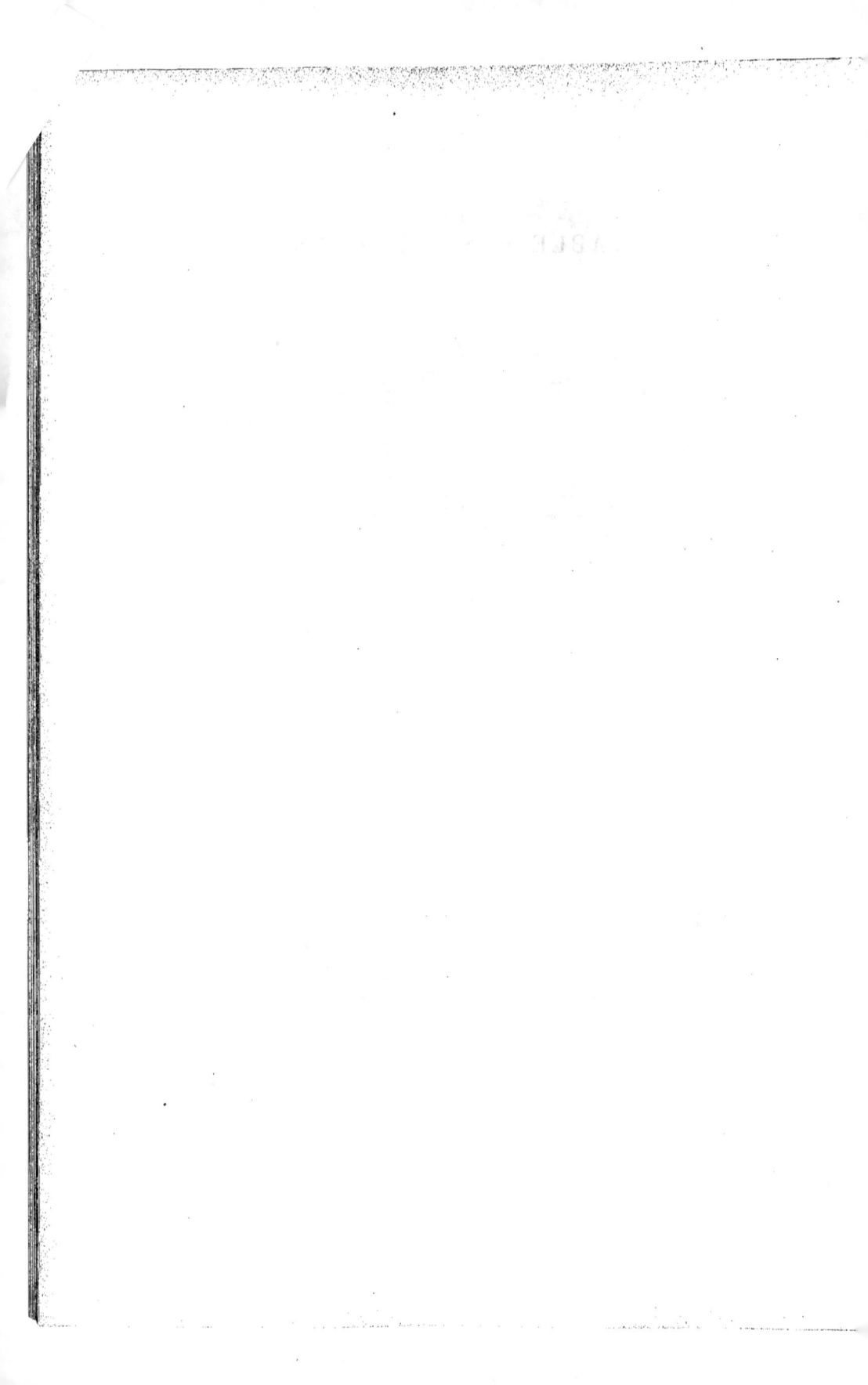